建筑地基基础
工程施工技术指南

滕延京 主 编
陈希泉
杨 斌 副主编

中国建筑工业出版社

图书在版编目（CIP）数据

建筑地基基础工程施工技术指南/滕延京主编.
北京：中国建筑工业出版社，2005
ISBN 7-112-07413-4

Ⅰ.建... Ⅱ.滕... Ⅲ.地基-工程施工-指南
Ⅳ.TU47-62

中国版本图书馆 CIP 数据核字（2005）第 046161 号

建筑地基基础工程施工技术指南

滕延京　主　编
陈希泉　副主编
杨　斌

*

中国建筑工业出版社出版、发行（北京西郊百万庄）
新 华 书 店 经 销
北京嘉泰利德公司制作
北京建筑工业印刷厂印刷

*

开本：850×1168 毫米　1/32　印张：6⅜　字数：170 千字
2005 年 7 月第一版　　2005 年 7 月第一次印刷
印数：1—4,000 册　　定价：**18.00** 元
ISBN 7-112-07413-4
（13367）

版权所有　翻印必究
如有印装质量问题,可寄本社退换
（邮政编码 100037）

本社网址：http://www.china-abp.com.cn
网上书店：http://www.china-building.com.cn

本书针对新版《建筑地基基础工程施工质量验收规范》（GB 50202—2002）取消了施工技术方面的内容的现状，由中国建筑科学研究院的有关专家专门编写了供施工企业技术人员使用的施工指南，力图对工程产品的适用范围及验收标准、施工技术要点、施工过程检验应注意事项等作出详细的说明，使形成工程产品过程的各种要素有机结合，保证工程产品质量。本书内容包括地基、桩基础、土方工程、基坑工程等四部分，内容简洁、实用。

本书可供工程勘察、设计、施工等技术人员及高等院校土建专业师生参考使用。

* * *

责任编辑：王　梅

责任设计：赵　力

责任校对：刘　梅　王雪竹

《建筑地基基础工程施工技术指南》编写人员

主　编：滕延京（本书总负责）

副主编：陈希泉　杨　斌

章节执笔人：

1	总则	滕延京
2	基本规定	滕延京
3.1	灰土地基	滕延京
3.2	砂和砂石地基	滕延京
3.3	土工合成材料地基	吴春林
3.4	粉煤灰地基	吴春林
3.5	强夯地基	吴春林
3.6	注浆地基	吴春林
3.7	预压地基	张　峰
3.8	振冲地基	王也宜
3.9	高压喷射注浆地基	王也宜
3.10	水泥土搅拌桩地基	王也宜
3.11	土和灰土挤密桩复合地基	刘江江
3.12	水泥粉煤灰碎石桩复合地基	冯　禄
3.13	夯实水泥土桩复合地基	刘江江
3.14	砂桩地基	刘江江
3.15	柱锤冲扩桩地基	王也宜
4.1	静力压桩	陈希泉

4.2	先张法预应力管桩	陈希泉
4.3	混凝土预制桩	陈希泉
4.4	钢桩	李　华
4.5	混凝土灌注桩	李　华
5.1	土方开挖	朱玉明
5.2	土方回填	朱玉明
6.1	排桩墙支护工程	朱玉明
6.2	水泥土桩墙支护	朱玉明
6.3	锚杆及土钉墙支护工程	朱玉明
6.4	钢或混凝土支撑系统	杨生贵
6.5	地下连续墙	杨生贵
6.6	沉井与沉箱	杨生贵
6.7	降水与排水	杨生贵

编者的话

2000版新规范体系中工程勘察、设计、施工验收规范相继发布执行。《建筑地基基础工程施工质量验收规范》（GB 50202—2002）是按照"验评分离、强化验收、完善手段、过程控制"的要求编制的，取消了施工技术方面的内容。地基基础的施工技术和工艺要求作为企业技术水平的体现，应在企业标准中详细阐述，我们已经看到各大建筑施工企业面向工长及技术工人的施工工序标准。但是，作为企业的技术管理人员要建造高质量的工程产品，创造企业效益应该在了解设计意图、材料特性和设备机具能力以及环境影响的前提下，针对采购的材料、使用的设备机具性能对所负责的施工项目进行指导，合理安排工序，严格过程管理，方可使产品达到设计要求。鉴于上述目的，我们编写了针对施工企业技术人员使用的施工指南，力图对产品的适用范围及验收标准、施工技术要点、施工过程检验应注意事项等作出较详细的说明，使形成产品过程的各种要素有机结合，保证产品质量。

建国以来，随着我国建筑业的技术进步，建筑地基基础施工技术经历了从无到有，从弱到强的技术发展（包括国外引进、自主开发等）阶段。在满足大规模建设需要的实践中，我国工程技术人员研制了大量符合我国国情、技术先进的施工工艺。例如桩基础施工，从简单的人工三角架冲击成孔灌注桩到目前的正、反循环水下灌注桩和旋挖钻机成桩等技术；预制桩施工从人工锤击木桩到蒸汽柴油锤沉桩、液压锤沉桩以及静压桩沉桩技术等。地基处理施工包括预压法、强夯法、振冲法、水泥搅拌桩法和水泥粉煤灰碎石桩法、夯实水泥土桩法等技术有些已与国际同步，有些属我国独创（例如水泥粉煤灰碎石桩法）。每一次技术进步都伴随着经济效益、社会效益的提高。所以在建筑地基基础施工中应采用先进、可靠技术，确保质量。保护环境同样是施工技术必须考虑的因素。

地基基础对建筑工程来说属隐蔽工程，出现问题不易修复且费用高，某些部位则不允许修复，必须保证产品的一次合格。天然地基的性状与天然土层结构、地下水情况、土的应力历史等因素密切相关。地基处理施工，即使采用相同的施工工艺、设备和材料，由于技术和管理水平不同，其效果也有很大差异。对于地基基础工程，现场技术人员应具备掌握勘察报告中对地质情况测定结果的评价，设计文件的技术要求，采购材料的力学性质，使用设备性能等的能力，采用可靠的施工技术，才能实现符合设计要求的地基基础产品。因此，建筑企业应配备相应资格的地基基础技术人员。

建筑地基基础施工技术水平的评价应综合考虑技术先进性、施工可行性和经济合理性。许多地区调查资料表明，灌注桩施工在同一场地条件下采用同样施工设备施工，由于管理水平不同，受泥浆相对密度、沉渣厚度、垂直度控制等因素影响，施工后桩的承载力差异很大。同样，某些地基处理工法有一定适用范围，例如柱锤冲扩桩法，处理建筑垃圾场地工效快、挤密效果好、造价低廉、处理后场地恢复期短，但如果把这一工法用到地下水位高的软土地基上，即使夯实的夯沉量和密度达到了设计要求，如施工处理后立即建造基础，往往会出现房屋裂缝。这主要是由于夯击时软土土层被扰动、强度恢复慢及超孔隙水压力消散引起固结沉降的结果。在这种场地采用柱锤冲扩桩法处理地基，施工后期应有必要的检验，待土层恢复达到设计要求及孔隙水压力消散后，再进行工程验收，施工基础。

  为了便于阅读，本书采用与《建筑地基基础工程施工质量验收规范》（GB 50202—2002）一致的章节编排并增加了柱锤冲扩桩法。书中各章节以表格表述的验收项目和质量检测标准均引自《建筑地基基础工程施工质量验收规范》（GB 50202—2002）中相应章节中的表格，并对其中我们认为不当之处作了局部修改。本书内容可作为工程勘察、设计、施工、高等学校教学相关人员参考。由于水平有限错误在所难免，敬请指正。

编者
2004 年 10 月

目 录

1 总则 ··· 1
2 基本规定 ··· 2
3 地基 ··· 4
   3.1 灰土地基 ·· 4
   3.2 砂和砂石地基 ·································· 9
   3.3 土工合成材料地基 ··························· 14
   3.4 粉煤灰地基 ····································· 18
   3.5 强夯地基 ·· 23
   3.6 注浆地基 ·· 27
   3.7 预压地基 ·· 34
   3.8 振冲地基 ·· 39
   3.9 高压喷射注浆地基 ··························· 45
   3.10 水泥土搅拌桩地基 ························· 52
   3.11 土和灰土挤密桩复合地基 ··············· 60
   3.12 水泥粉煤灰碎石桩复合地基 ············ 66
   3.13 夯实水泥土桩复合地基 ·················· 73
   3.14 砂桩地基 ······································ 78
   3.15 柱锤冲扩桩地基 ···························· 81
4 桩基础 ··· 89
   4.1 静力压桩 ·· 89
   4.2 先张法预应力管桩 ··························· 96

  4.3 混凝土预制桩 ………………………………… 103
  4.4 钢桩 …………………………………………… 114
  4.5 混凝土灌注桩 ………………………………… 120
5 土方工程 ……………………………………………… 132
  5.1 土方开挖 ……………………………………… 132
  5.2 土方回填 ……………………………………… 138
6 基坑工程 ……………………………………………… 143
  6.1 排桩墙支护工程 ……………………………… 143
  6.2 水泥土桩墙支护 ……………………………… 147
  6.3 锚杆及土钉墙支护工程 ……………………… 151
  6.4 钢或混凝土支撑系统 ………………………… 158
  6.5 地下连续墙 …………………………………… 165
  6.6 沉井与沉箱 …………………………………… 173
  6.7 降水与排水 …………………………………… 184

1 总 则

建筑地基基础施工技术应做到安全适用、技术先进、经济合理、确保质量，保护环境。

建筑地基基础施工涉及到砌体、混凝土、钢结构、地下防水工程及基桩检测等有关内容时，还应符合有关设计、验收规范的要求。与建筑地基基础施工有关的验收规范有：

《建筑地基基础工程施工质量验收规范》（GB 50202—2002）；

《砌体工程施工质量验收规范》（GB 50203—2002）；

《混凝土结构工程施工质量验收规范》（GB 50204—2002）；

《钢结构工程施工质量验收规范》（GB 50205—2001）；

《地下防水工程质量验收规范》（GB 50208—2002）；

《建筑基桩检测技术规范》（JGJ 106—2003）；

《建筑地基处理技术规范》（JGJ 79—2002）；

《建筑地基基础设计规范》（GB 50007—2002）。

2 基本规定

2.0.1 地基基础施工前，必须具备下列资料：

（1）岩土工程勘察报告；

（2）地基基础设计图纸；

（3）工程附近管线、建筑物、构筑物及其他公共设施的情况；

（4）施工组织设计或施工方案；

（5）材料和机具设备的检验合格证；

（6）施工过程检验用设备、机具检验合格证。

2.0.2 施工单位必须具备相应专业资质，上岗人员具备相应岗位证书。

2.0.3 钢材、水泥、砂、石子、石灰、粉煤灰等原材料的质量、检验项目、批量和检验方法，应符合国家现行技术标准的规定。

2.0.4 施工水准基点和定位坐标点应由有资质单位确定；施工局部用坐标点应由总包、监理单位复核后使用。对于重要的桩基工程桩位点（例如一柱一桩工程），施工前应复核坐标点。

2.0.5 土方工程开挖较深时，施工单位应采取措施防止基坑底部土的隆起并避免危害周边环境。土方开挖完成后应立即对基坑进行封闭，防止水浸和长时间暴露，并及时组织地下结构施工。基坑土方开挖应严格按设计要求进行，不得超挖。基坑周边堆载，不得超过设计荷载限制。土方挖方前，应做好地面排水和降低地下水位作业。

2.0.6 当基坑（槽）开挖施工遇有地下文物时，应立即停止施工，保护好现场并向上级有关部门报告。

2.0.7 在基坑或管沟工程开挖施工中有可能对邻近建（构）筑物、地下管线、永久性道路产生危害时，应对基坑、管沟采取有效的支护后再开挖，开挖顺序及深度应符合设计工况要求。支护设计应委托有相应资质单位承担。

2.0.8 地基基础施工现场用电应符合有关规定，现场工人应正确佩戴和使用劳动保护用品，特殊工种施工应有专项安全措施。

2.0.9 地基基础施工记录应符合有关规定，隐蔽工程工序验收时应有验收合格单，竣工资料应符合工程档案管理规定。

2.0.10 地基基础施工过程中发现地质情况与地质勘察报告不符或遇到异常情况时应停止施工，由监理或建设单位组织勘察、设计、施工单位共同分析情况，进行施工勘察、修改设计、调整施工方案等工作，消除质量隐患后再进行施工。解决此类问题应形成会议记要；施工勘察、修改设计、调整施工方案等文件应备案。施工勘察应符合《建筑地基基础工程施工质量验收规范》附录 A 的有关规定。

3 地 基

3.1 灰土地基

3.1.1 适用范围与验收标准要求

3.1.1.1 灰土地基系指将基础底面下一定厚度的软弱土层挖除,然后分层换填灰土达到要求的密实度而形成的地基。灰土地基作为浅层处理的方法,适用于处理 1~3m 厚的软弱土层,达到提高地基承载力、减少基础沉降量的目的。灰土地基设计常用的灰土体积比为 3:7 或 2:8。

3.1.1.2 灰土地基的施工质量验收应符合设计要求和《建筑地基基础工程施工质量验收规范》(GB 50202—2002) 的有关规定,其质量验收项目和质量检验标准列于表 3.1.1.2。

灰土地基验收项目和质量检验标准　　表 3.1.1.2

项	序	检查项目	允许偏差或允许值		检查方法
			单位	数值	
主控项目	1	地基承载力	设计要求		按规定方法
	2	配合比	设计要求		检查拌和时的体积比或重量比
	3	压实系数	设计要求		现场实测

续表

项	序	检查项目	允许偏差或允许值		检查方法
			单位	数值	
一般项目	1	石灰粒径	mm	≤5	筛分法
	2	土料有机质含量	%	≤5	试验室焙烧法
	3	土颗粒粒径	mm	≤15	筛分法
	4	含水量（与要求的最优含水量比较）	%	±2	烘干法
	5	分层厚度偏差（与设计要求比较）	mm	±50	水准仪

3.1.2 灰土地基施工技术

3.1.2.1 灰土地基的材料质量，应满足下列要求：

（1）灰土的土料宜采用施工现场基槽中挖出的有机质含量不大于5%的土，严禁使用膨胀土、盐渍土等活动性较强的土。使用前过筛，最大粒径不得大于15mm。石灰宜用消解（闷透）3~4d的新鲜生石灰块，使用前过筛，粒径不得大于5mm，熟石灰中不得夹有未熟的生石灰块。

（2）灰土料应按设计体积比要求拌和均匀，颜色一致。施工时适用的灰土料含水量应接近最优含水量。最优含水量应通过击实试验确定。一般控制灰土料的含水量为10%左右，施工现场检验方法是用手将灰土紧握成团，两手轻捏即碎为宜，如水分过多或不足时，应晾干或洒水湿润。拌和后的灰土料应当日使用。

3.1.2.2 灰土地基施工技术，应符合下列要求：

（1）施工准备。基槽在铺设灰土前必须先行验槽，如发现槽内有局部软弱土层或孔穴，应挖除后用灰土分层填实。

（2）灰土铺设施工。灰土的铺设厚度应根据不同的施工方法按表3.1.2.2选用。每层灰土的夯打遍数，应根据设计要求，通过现场干密度试验确定。

采用不同施工方法铺设灰土的厚度控制　　表3.1.2.2

压实机械	机具重量（t）	虚铺厚度（cm）	备 注
石夯、木夯	0.04~0.08	20~25	人力送夯，落高40~50cm，一夯压半夯
轻型压实机械	—	20~25	蛙式打夯机
压路机	6~10	20~30	双轮

3.1.2.3 每层灰土施工完成后，应进行质量检验，达到设计要求的干密度后，再进行下层铺设施工，直至达到设计要求的总厚度。

3.1.3 灰土地基的检验

3.1.3.1 灰土地基的施工质量应满足设计要求和《建筑地基基础工程施工质量验收规范》（GB 50202—2002）中有关规定的要求。单层厂房排架结构、多层砌体和钢筋混凝土框架房屋的灰土地基质量检验标准列于表3.1.3.1。

灰土的质量检验标准 表3.1.3.1

结构类型	填土部位	压实系数 λ_c	控制含水量（%）
砌体承重结构和框架结构	在地基主要受力层范围内	≥0.97	$w_{op} \pm 2$
	在地基主要受力层范围以下	≥0.95	
排架结构	在地基主要受力层范围内	≥0.96	
	在地基主要受力层范围以下	≥0.94	

3.1.3.2 灰土地基的现场质量检验，宜采用环刀取样，测定其干密度，灰土最小干密度要求列于表3.1.3.2。

当采用贯入仪或其他手段检验灰土质量时，使用前，应在现场作对比试验（与控制干密度对比）。

现场灰土的质量标准 表3.1.3.2

土料种类	灰土最小干密度 ρ_d（t/m³）
粉　　土	1.55
粉质黏土	1.50
黏　　土	1.45

3.1.3.3 施工过程中分层取样检验的取样位置，应在每层层面下2/3厚度处，取样数量不应少于下列规定：

（1）整片灰土地基：每100m² 二处；

（2）单独基础下的灰土地基：每个一处；

(3)条形基础下的灰土地基:每20m一处,每一施工段二处;

(4)管道基础下的灰土地基:每50m一处,每一施工段二处。

3.1.3.4 对于质量检验不符合要求的灰土,应进行补夯或重新铺设并夯实后,再进行质量检验。

3.1.3.5 灰土地基的承载力检验应按静载荷试验结果确定。

3.1.4 灰土施工应注意的事项

3.1.4.1 在基坑(槽)底位于地下水以下的基坑(槽)内施工时,应采取排水或降水措施。夯实后的灰土,在3d内不得受水浸泡。灰土地基铺打完成后,应及时修建基础和回填基坑(槽),或作临时遮盖,防止日晒雨淋。

雨期施工时,应采取防雨及排水措施,刚压实完毕或尚未压实的灰土,如遭水浸泡,应将积水及松软灰土挖除并补填夯实;受浸湿的灰土,应在晾干后再压实。

3.1.4.2 采用不同的压实设备(人工夯实、蛙式打夯机、重锤夯实、压路机等)进行现场施工时,灰土料铺土厚度、填筑含水量、压实(或辗压)遍数等施工控制参数必须由现场干密度试验确定。

一般情况下,灰土料的黏粒含量越高,最优含水量越高。现场灰土料的均匀性、含水量和铺土厚度偏差的影响与室内试验结果不尽相同。同一压实功能下,灰土地基现场施工达到的干密度低于室内击实试验的最大干密度；施工设备的压实功能越大，在相同铺设厚度的情况下，灰土料的含水量应稍小于室内试验得出的最优含水量，才能达到最佳压实效果。因此，当灰土地基的工程量很大时，宜在施工现场通过试验段确定灰土地基的设计和施工参数。

3.1.4.3 灰土地基的底面宽度应满足基础下应力扩散的要求。灰土垫层的底宽 $B' \geq B + 2z\tan\theta$（θ 一般取 28°）。灰土地基的厚度不宜小于 0.5m，一般也不宜大于 3m。

3.1.4.4 灰土地基不宜在负温下施工。否则，应对土料、石灰和灰土地基采取有效的防冻措施，确保其不受冻害。

3.2 砂和砂石地基

3.2.1 适用范围与验收标准要求

3.2.1.1 砂和砂石地基系将基础底面下一定厚度的软弱土层挖去，然后分层换填砂或砂石达到要求的密实度而形成的地基。砂和砂石地基适用于浅层软弱地基及不均匀地基的处理，但不适用于湿陷性黄土地基。砂和砂石地基的厚度不宜小于 0.5m，也不宜大于 3m。

3.2.1.2 砂和砂石地基的施工质量验收应符合设计要求和《建筑地基基础工程施工质量验收规范》（GB 50202—2002）的有关规定，其质量验收项目和质量检验标准列于表 3.2.1.2。

砂和砂石地基验收项目和质量检验标准　表 3.2.1.2

项目	序	检查项目	允许偏差或允许值		检查方法
			单位	数值	
主控项目	1	地基承载力	设计要求		按规定方法
	2	配合比	设计要求		检查拌和时的体积比或重量比
	3	压实系数	设计要求		现场实测
一般项目	1	砂石料有机质含量	%	≤5	焙烧法
	2	砂石料含泥量	%	≤5	水洗法
	3	石料粒径	mm	≤100	筛分法
	4	含水量（与最优含水量比较）	%	±2	烘干法
	5	分层厚度（与设计要求比较）	mm	±50	水准仪

3.2.2　砂和砂石地基施工技术

3.2.2.1　砂和砂石地基的材料质量，应满足下列要求：

（1）选用碎石、卵石、角砾、圆砾、砾砂、粗砂、中砂或石屑（粒径小于 2mm 的部分不应超过总重的 45%），应级配良好，不含植物残体、垃圾等杂质。

（2）当使用粉细砂或石粉（粒径小于 0.075mm 的部分不应超过总重的 9%）时，应掺入不少于总重 30% 的碎石或卵石。

（3）砂石的最大粒径不宜大于 50mm；以砾石、卵石或块石作填料时，分层夯实时其最大粒径不宜大于 400mm；分层压实时其最大粒径不宜大于 200mm。

3.2.2.2　砂和砂石的最大干密度和最优含水量，宜采用击实试验确定。

3.2.2.3 选用碎石或卵石时,其最大干密度可取 2.0~2.2t/m³。

对于工程量较大的砂和砂石地基施工,应按所选用的施工机械、换填材料及场地的土质条件进行现场试验,以确定压实效果。

3.2.2.4 砂和砂石地基施工控制的关键是虚铺厚度、最优含水量和要求达到的密实度,可参照表3.2.2.4选用。

砂和砂石地基每层虚铺厚度及最优含水量　　表3.2.2.4

项次	夯(压振)实方法	每层铺筑厚度(mm)	施工时最优含水量(%)	施工情况	备注
1	平振法	200~250	15~20	用平板式振动器往复振动	不宜使用于细砂或含泥量较大的砂所铺筑的砂垫层
2	插振法	振捣器的插入深度	饱和	用插入式振捣器,插入间距可根据机械振幅大小决定。不应插至下卧黏性土层,插入振捣完毕后所留孔洞,应用砂填实	不宜使用于细砂或含泥量较大的砂所铺筑的砂垫层
3	水撼法	250	饱和	注水高度应超过每次铺筑面层,用钢叉摇撼密实,插入点间距为100mm,摇撼十几下,感觉砂子已沉实时,便将钢叉拔出	湿陷性黄土及膨胀土地区不得使用
4	夯实法	150~200	8~12	用木夯(重0.04t)或机械夯,落距为40~50cm,夯时需一夯压半夯,全面夯实	
5	碾压法	250~350	8~12	6~10t压路机往复碾压	适用于大面积垫层,不宜用于地下水位以下的砂垫层

注:1. 在地下水位以下的垫层,其最下层的铺筑厚度可比上表增加50mm。
　　2. 如用振动压路机,则每层铺筑厚度可予提高。

3.2.2.5 砂和砂石地基施工应符合下列要求：

（1）在地下水位高于基坑（槽）底面施工时，应采取排水或降水措施，使基槽保持无积水状态。如采用水撼法或插振法施工时，应注意注水和排水。

（2）铺筑填料前，应先行验槽，浮土应清除，边坡必须稳定。基槽底部存在古井、古墓、洞穴、旧基础、暗塘等软硬不均部位时，应根据建筑物对不均匀沉降的要求予以处理，验收合格后，方可铺筑填料。

（3）开挖基槽铺筑填料时，应避免坑底土层受扰动。

（4）填料底面宜设在同一标高上，如深度不同，基槽底面应挖成阶梯或斜坡搭接，并按先深后浅的顺序进行施工，搭接处应夯压密实。

（5）砂和砂石地基应分层铺设，每层施工完成后，应进行质量检验，达到设计要求的干密度后，方可进行下层铺设施工，直至达到设计要求的总厚度。

3.2.3 砂和砂石地基的检验

3.2.3.1 砂和砂石地基的施工质量应满足设计要求和《建筑地基基础工程施工质量验收规范》（GB 50202—2002）有关规定的要求。单层厂房排架结构，多层砌体和钢筋混凝土桩等房层的砂和砂石地基的检验标准列于表3.2.3.1。

3.2.3.2 砂和砂石地基现场检测，宜采用动力触探试验，并应通过现场试验以设计要求的压实系数所对应的贯入度为标准检验垫层的施工质量。压实系数也可采用环刀法（仅适用于砂地基）、灌砂法、灌水法或其他方法检验。

砂和砂石地基检验标准　　表3.2.3.1

结构类型	填土部位	压实系数 λ_c
砌体承重结构和框架结构	在地基主要受力层范围内	≥0.97
	在地基主要受力层范围以下	≥0.95
排架结构	在地基主要受力层范围内	≥0.96
	在地基主要受力层范围以下	≥0.94

3.2.3.3 采用贯入仪或动力触探检验垫层的施工质量时，与分层检验点的间距应小于4m。环刀法、灌砂法、灌水法的检验点应位于每层厚度的2/3深度处。检验数量：对于大基坑每50~100m^2不应少于一个检验点；基槽每10~20m不应少于1点；每个独立桩基不应少于1点。

3.2.3.4 检验砂或砂石地基承载力时，每个单体工程不宜少于3点。

3.2.4　砂和砂石地基施工应注意的事项

3.2.4.1 对有排水要求的砂和砂石地基填料宜控制含泥量小于3%，采用粉细砂作填料时，应掺加碎石或卵石使其颗粒不均匀系数≥5并拌和均匀后，方可用于施工。

3.2.4.2 砂和砂石地基每层铺设厚度、压实遍数等施工参数应通过适用的施工设备通过现场试验确定。对于存在软弱下卧层的场地，应针对不同施工机械设备的重量、碾压强度、振动力等因素，确定铺设底层的厚度，防止破坏或扰动下卧软弱土的结构。

3.2.4.3 垫层下卧层为软弱土层施工时，开挖基坑应预留200mm左右保护层，待做好铺设垫层准备后，对保护层挖除一段随即用换填料铺填一段，直到完成全部垫层，以保护下卧土层结构不受破坏。

3.2.4.4 砂和砂石地基承载力检验的压板边长或直径不应小于砂和砂石地基总厚度的1/3。

3.3 土工合成材料地基

3.3.1 适用范围及验收标准要求

3.3.1.1 土工合成材料地基系指由土工合成材料与压实土体分层设置所构成的加筋土地基，以提高地基的稳定性、承载力及减小沉降。土工合成材料地基同样适用于公路、铁路路基及河道、海港岸坡的加固等。

3.3.1.2 土工合成材料地基的施工质量验收应符合设计要求和《建筑地基基础工程施工质量验收规范》（GB 50202—2002）的有关规定，其质量验收项目和质量检验标准列于表3.3.1.2。

土工合成材料地基验收项目和质量检验标准　　表3.3.1.2

项	序	检查项目	允许偏差或允许值		检查方法
主控项目	1	土工合成材料强度	%	≤5	置于夹具上做拉伸试验（结果与设计标准相比）
	2	土工合成材料延伸率	%	≤3	置于夹具上做拉伸试验（结果与设计标准相比）
	3	地基承载力	设计要求		按规定方法
一般项目	1	土工合成材料搭接长度	mm	≥300	用钢尺量
	2	土石料有机质含量	%	≤5	焙烧法
	3	层面平整度	mm	≤20	用2m靠尺
	4	每层铺设厚度	mm	±25	水准仪

3.3.2 土工合成材料地基施工技术

3.3.2.1 土工合成材料地基的基层处理技术要求：

（1）铺设土工合成材料的基层应平整，局部高差不大于50mm。清除树根、草根及硬物，避免损伤破坏土工合成材料。

（2）对不宜直接铺设土工合成材料的基层应先设置砂垫层，砂垫层厚度不宜小于300mm，宜用中粗砂，含泥量不大于5%。

3.3.2.2 土工合成材料铺设技术要求

（1）首先应检查材料有无损伤破坏。

（2）土工合成材料须顺其主要受力方向铺设。

（3）铺设时应用人工拉紧无皱折且紧贴下承层。应随铺随及时压固，以免被风掀起。

（4）土工合成材料铺设时，两端须有余量。余量每端不少于1000mm，且应按设计要求加以固定。

（5）当加筋垫层采用多层土工材料时，上下层土工材料的接缝应交替错开，错开距离不小于500mm。

（6）相邻土工合成材料的连接。对土工格栅可采用密贴排放或重叠搭接，用聚合材料绳、棒或特种连接件连接。连接强度不得低于设计要求的强度。对土工织物及土工膜可采用搭接、缝合和胶结方法连接。

1）搭接法：搭接长度300~1000mm，视建筑荷载、铺设地形、基层特性和铺放条件而定，一般情况下采用300~500mm。荷载大、地基倾斜、基层板软时不小于500mm，水下铺放不小于1000mm。当土工织物、土工膜上铺有砂垫层时不宜采用搭接法。

2）缝合法：采用锦纶或涤纶线将土工织物或土工膜双道缝合，两道缝线间距10~25mm。

3）胶结法：采用热粘接或胶粘接。粘接时搭接宽度不宜小于100mm。

（7）土工合成材料铺放时不得有大面积的损伤破坏。对小的裂缝和孔洞，应在其上缝补新材料。新材料面积不小于破坏面积的4倍，边长不小于1000mm。

3.3.2.3　回填技术要求

（1）土工合成材料地基的加筋材料层数和回填材料种类以及层间高度、碾压密实度等应符合设计要求；

（2）回填料为中、粗、砾砂或细粒碎石时，在距土工合成材料（主要指土工织物或土工膜）80mm范围内，最大粒径应小于60mm；当采用黏性土时，填料应不含有对土工合成材料有腐蚀作用的成分；

（3）当使用块石作土工合成材料保护层时，块石堆放高度应小于300mm，且土工合成材料上应铺放厚度不小于50mm的砂层；

（4）对于黏性土，含水量应控制在最优含水量±2%以内，密实度不小于最大密实度的95%；

（5）回填土应分层进行，每层填土的厚度应根据填土的土性及所选压实机械性能确定，一般为100~300mm，但土工合成材料上第一层填土厚度不小于150mm；

（6）填土顺序对不同的地基有不同要求：

1）极软地基采用后卸式运土车，先从土工合成材料两侧卸土，形成戗台，然后对称往两戗台间填土，施工平面应始终呈"凹"形（凹口朝前进方向）；

2）一般地基采用从中心向外侧对称进行，平面上呈"凸"形（突口朝前进方向）；

（7）回填时应根据设计要求及地基沉降情况，控制回填速度；

（8）合成材料上摊铺第一层填土时，填土机械只能沿垂直于土工合成材料的铺放方向运行，且应用轻型机械（压力小于55kPa）摊料或碾压。填土高度大于600mm后方可使用重型机械。

3.3.3 土工合成材料地基的检验

3.3.3.1 土工合成材料地基的施工质量应满足设计要求和《建筑地基基础工程施工质量验收规范》(GB 50202—2002)中有关规定的要求。

3.3.3.2 施工过程中分层取样检验的取样位置,应在每层层面下2/3厚度处,取样数量按第3.2.3.3条执行。

3.3.3.3 土工合成材料地基的承载力检验应按静载荷试验结果确定。

3.3.4 土工合成材料地基施工应注意的事项

3.3.4.1 施工前应对土工合成材料的物理性能(单位面积的质量、厚度、开孔尺寸及均匀性)、强度、延伸率以及土、砂石料等做检验。土工合成材料以100 m²为一批,每批应抽查5%;产品验收抽样以卷为单位,每批应抽查5%,并不少于一卷。

3.3.4.2 施工过程中应检查清基、回填料铺设厚度及平整度、土工合成材料的铺设方向、接缝搭接长度或接缝状况、土工合成材料结构的连接状况等。

3.3.4.3 土工合成材料铺放后,严禁机械直接在土工合成材料表面行走。

3.4 粉煤灰地基

3.4.1 适用范围与验收标准要求

3.4.1.1 粉煤灰地基系指将基础底面下一定厚度的软弱

土层挖去，然后分层换填火力发电厂的工业废料粉煤灰并使其达到要求的密实度而形成的地基。粉煤灰地基作为浅层处理方法，可用于处理道路、堆场和小型建筑、构筑物等基础下的软弱土层，达到提高地基承载力、减少基础沉降量的目的。

3.4.1.2 粉煤灰地基的施工质量验收应符合设计要求和《建筑地基基础工程施工质量验收规范》（GB 50202—2002）的有关规定，其质量验收项目和质量检验标准列于表3.4.1.2。

粉煤灰地基验收项目和质量检验标准　　　　表3.4.1.2

项目	序	检查项目	允许偏差或允许值		检查方法
			单位	数值	
主控项目	1	压实系数	设计要求		现场实测
	2	地基承载力	设计要求		按规定方法
一般项目	1	粉煤灰粒径	mm	0.001～2.000	过筛
	2	氧化铝及二氧化硅含量	%	≥70	试验室化学分析
	3	烧失量	%	≤12	试验室烧结法
	4	每层铺筑厚度	mm	±50	水准仪
	5	含水量（与最优含水量比较）	%	±2	取样后试验室确定

3.4.2　粉煤灰地基施工技术

3.4.2.1 粉煤灰地基的压实干密度和含水量应符合设计要求。粉煤灰作为换填材料不宜混入生活垃圾及塑料等有机杂物，否则会影响施工质量。

3.4.2.2 粉煤灰地基压实方法常用振动法和碾压法等，压实机具通常用平板振动器、蛙式打夯机、三轮（或二轮）

内燃压路机和振动压路机等。要求填筑区内分层摊铺粉煤灰，然后逐层振密或压实。粉煤灰的分层铺筑厚度一般为 200～300mm。虚铺厚度和压实厚度应根据机具功能大小及设计要求通过现场试验确定。

3.4.2.3 粉煤灰地基（或粉煤灰混合料地基）施工时，应先对天然地基进行处理。对填筑粉煤灰场地内的植物根茎、生活垃圾、淤泥和积水等进行清除并对填筑工程区内的天然地基土表层进行密实加固处理。在基坑（槽）内铺筑粉煤灰地基施工时，应确保边坡稳定，防止坍塌。

3.4.2.4 粉煤灰地基（或粉煤灰混合料地基）在地下水位以下的基坑（槽）内施工时，应采取排水或降水措施。严禁浸水状态条件下进行施工，更不宜采用水沉法施工。否则，将无法达到设计要求的干密度和地基强度。

3.4.2.5 在开挖的基坑或天然软土层上填筑粉煤灰时，应避免对表层土的扰动，否则表层土体结构将会遭到破坏，导致强度降低，在建筑物荷载的作用下产生较大的附加沉降。因此，基坑开挖后或天然软土层处理后的场地应及时填筑粉煤灰（或粉煤灰混合料），不应暴露过久或浸水，并严禁踩踏及机具破坏填筑场地内的表面土层。

3.4.2.6 粉煤灰地基施工时，应根据设计要求、机具碾压能量、粉煤灰特性及地质条件等制定合理的施工技术方案。在天然地基土层表面（即粉煤灰垫层底面下）铺筑 200～300mm 厚的粗颗粒粉煤灰（即炉底渣灰）排水层，以利于其下卧层的软土层排水固结，并起切断毛细管水上升作用。在粉煤灰填筑施工过程中,若含水量过高,应将湿灰沥干到最优含水量区间内使用;若含水量过低,应洒水湿润到最优含水量区间内进行压密施工,其目的是要达到设计要求的密实度(即压实系数)。

3.4.2.7 粉煤灰垫层填筑时,对不同填筑深度的地基土层面应挖成踏步式,各分层搭接位置应错开 0.5~1.0m 距离,搭接处应严格密实。施工应按先深后浅的顺序进行。采用机具碾压应按先轻后重,先外后内的顺序进行。在饱和状态下的天然土层或灵敏度高的土层上填筑首层粉煤灰施工时,应避免使用振捣器或重型碾压机具,以防破坏土体结构,出现"橡皮土"现象。

3.4.3 粉煤灰地基的检验

3.4.3.1 粉煤灰地基的施工质量应满足设计要求和《建筑地基基础工程施工质量验收规范》(GB 50202—2002)中有关规定的要求。

3.4.3.2 粉煤灰地基施工的最大干密度 ρ_{dmax} 和最优含水量的 ω_{op} 应通过击实试验确定。施工质量检验标准(分层压实系数 λ_c)一般为 $\lambda_c = 0.90 \sim 0.95$。宜采用环刀法检验。

3.4.3.3 施工过程中分层取样检验的位置,应在每层层面下 2/3 厚度处,取样数量不应少于下列规定:

(1) 整片粉煤灰地基:每 100m² 二处;
(2) 单独基础下的粉煤灰地基:每个一处;
(3) 条形基础下的粉煤灰地基:每 20m 一处,每一施工段二处;

（4）管道基础下的粉煤灰地基：每50m一处，每一施工段二处。

3.4.3.4 对于质量检验不符合要求的粉煤灰地基，应进行补夯或重新铺设并夯实后，再进行质量检验。

3.4.3.5 粉煤灰地基的承载力应按静载荷试验检验结果确定。

3.4.4 粉煤灰地基施工应注意的事项

3.4.4.1 粉煤灰中严禁混入植物、生活垃圾及其他有机杂质。

3.4.4.2 粉煤灰铺设含水量应控制在（$w_{op} \pm 2$）范围内；如含水量过大时，需摊铺沥干后再碾压。粉煤灰铺设后，应于当天完成压实；如压实时含水量过小，呈现松散状态，则应洒水湿润后再压实，洒水的水质不得含有油质，pH值应为6~9。

3.4.4.3 夯实或碾压时，如出现"橡皮土"现象，应暂停压实，可采取开槽、翻松、晾晒或换灰等办法处理。

3.4.4.4 每层铺完经检测合格后，应及时铺筑下一层，以防干燥、松散、起尘、污染环境，并应严禁车辆在其上行驶；全部换填铺设完并验收合格后，应及时浇筑混凝土垫层，以防日晒、雨淋等破坏。

3.4.4.5 冬期施工，最低气温不得低于0℃，以免粉煤灰含水冻胀。

3.4.4.6 电厂吹填粉煤灰地基，由于面积大、含水量高且厚薄不均，其处理方法应根据勘察资料和设计要求另行确定处理方案。

3.5 强夯地基

3.5.1 适用范围及验收标准要求

3.5.1.1 强夯地基系指经夯锤反复夯击将一定厚度土的物理力学指标明显改变后的地基。强夯法适用于处理碎石土、砂土、低饱和度的粉土与黏土、湿陷性黄土、素填土和杂填土等地基。强夯置换法适用于上部结构对地基承载力和变形控制不严的高饱和度的粉土及软塑至流塑的黏性土等地基。

3.5.1.2 强夯地基的施工质量验收应符合设计要求和《建筑地基基础工程施工质量验收规范》(GB 50202—2002)的有关规定，其质量验收项目和质量检验标准列于表3.5.1.2。

强夯地基验收项目和质量检验标准　　表3.5.1.2

项	序	检查项目	允许偏差或允许值		检查方法
			单位	数值	
主控项目	1	地基承载力	设计要求		按规定方法
一般项目	1	夯锤落距	mm	±300	钢索设标志
	2	锤重	kg	±100	称重
	3	夯击遍数及顺序	设计要求		计数法
	4	夯点间距	mm	±500	用钢尺量
	5	夯击范围（超出基础范围距离）	设计要求		用钢尺量
	6	前后两遍间歇时间	设计要求		检查施工记录

3.5.2 强夯地基施工技术

3.5.2.1 强夯和强夯置换正式施工前,应在施工现场至少选取一个试验区进行试夯或试验性施工,以修正施工设计中规定的施工参数。

3.5.2.2 强夯施工前应查明场地范围内的地下构筑物和管线的位置及标高等,并采取必要的措施,避免因强夯施工造成损坏。应估计强夯后可能产生的平均地面变形,并以此确定地面高程。

3.5.2.3 强夯要求拟加固的场地必须具有一层稍硬的表层,使其能支承起重设备并便于夯击能得到扩散,同时也可加大地下水位与地表面的距离。因此,有时必须铺设垫层。对场地地下水位在-2m深度以下的砂砾石土层,可直接施行强夯;对地下水位较高的饱和黏性土与易于液化流动的饱和砂土,应铺设砂、砂砾或碎石垫层后进行强夯。垫层厚度随场地的土质条件、夯锤重量及其形状等条件而定。当场地土质条件好,夯锤小或形状构造合理、起吊时吸力小者,可减少垫层厚度。垫层厚度一般为0.5~2.0m左右,用推土机推平并来回碾压。

3.5.2.4 强夯法施工可按下列步骤进行:

(1) 清理并平整施工场地;
(2) 标出第一遍夯点位置,并测量场地高程;
(3) 起重机就位,夯锤置于夯点位置;
(4) 测量夯前锤顶高程;
(5) 将夯锤起吊到预定高度,开启脱钩装置,待夯锤脱钩自由下落后，放下吊钩，测锤顶高程，测量若发现因坑底倾斜而造成夯锤歪斜时，应及时将坑底整平；

（6）重复步骤（5），按设计规定的夯击次数及控制标准完成一个夯点的夯击；

（7）换夯点，重复步骤（3）至（6），完成第一遍全部夯点的夯击；

（8）用推土机将夯坑填平，并测量场地高程；

（9）在规定的间隔时间后，按上述步骤逐次完成全部夯击遍数，最后用低能量满夯，将场地表层松土夯实，并测量夯后场地高程。

3.5.2.5 强夯置换法施工可按下列步骤进行：

（1）清理并平整施工场地，当表土松软时可铺设一定厚度的砂石垫层；

（2）标出夯点位置，并测量场地高程；

（3）起重机就位，夯锤置于夯点位置；

（4）测量夯前锤顶高程；

（5）夯击并逐击记录夯坑深度，当夯坑过深而发生起锤困难时停夯，向坑内填料直至与坑顶平，记录填料数量，如此重复直至满足规定的夯击次数及控制标准完成一个墩体的夯击，当夯点周围软土挤出影响施工时，可随时清理并在夯点周围铺垫碎石，继续施工；

（6）按由内而外、隔行跳打原则完成全部夯点的施工；

（7）推平场地，用低能量满夯，将场地表层松土夯实，并测量夯后场地高程；

（8）铺设垫层，并分层碾压密实。

3.5.2.6 施工过程中应有专人负责下列监测工作：

（1）开夯前应检测夯锤质量和落距，以确保单击夯击能量符合设计要求；

（2）每一遍夯击前，应对夯点放线进行复核，夯完后检查夯坑位置，发现偏差或漏夯应及时纠正；

（3）检查每个夯点的夯击次数和每击的夯沉量，对强夯置换应检查置换深度。

3.5.3 强夯地基的检验

3.5.3.1 强夯处理后的地基竣工验收时，承载力检验应采用现场载荷试验确定。强夯置换后的地基竣工验收时，承载力检验除采用载荷试验检验外，尚应采用动力触探等有效手段查明置换墩着底情况及承载力与密度随深度的变化。

3.5.3.2 强夯处理后的地基竣工验收承载力检验，应在施工结束并间隔一定的时间后进行，对于碎石和砂土地基，其间隔时间可取 7~14d，粉土和黏性土地基可取 14~28d。强夯置换地基间隔时间可取 28d。

3.5.3.3 竣工验收承载力检验的数量，应根据场地复杂程度和建筑物的重要性确定，对于简单场地上的一般建筑物，每个建筑地基载荷试验检验点不应少于3点；对于复杂场地或重要建筑地基应增加检验点数。强夯置换地基载荷试验检验和置换墩着底情况检查数量均不应少于墩点数的1%，且不应少于3点。

3.5.4 强夯地基施工应注意的事项

3.5.4.1 当强夯施工时所产生的振动对邻近建筑或设备产生有害影响时，应采取防振或隔振措施。

3.5.4.2 当强夯最后二击的下沉量超过规范或设计规定的下沉量指标时，应考虑是否是因为在淤泥、淤泥质土及土层含水量过大的土层中强夯所致，对此类情况宜铺 0.5~1.0m 的砂石，再进行强夯。

3.5.4.3 当场地表土软弱或地下水位较高、夯坑底积水影响施工时，宜采用人工降低地下水位或铺填一定厚度的粗颗粒松散材料。坑内或场地积水应及时排除。

3.6 注浆地基

3.6.1 适用范围与验收标准要求

3.6.1.1 注浆地基系指用压送设备将具有充填和胶结性能的浆液材料注入地层中土颗粒的间隙、土层的界面或岩层的裂缝内，使其扩散、胶凝或固化形成的地基，达到降低地层渗透性、提高地基承载力、减少地基变形的目的。注浆地基适用于处理砂土、粉土、黏性土、素填土、杂填土及风化岩地基，也可用于处理土洞或溶洞的地层。注浆地基可用于既有建筑和新建筑的地基处理、基坑底部加固、防止管涌与隆起、建（构）筑物纠偏扶正、基础加固、防水帷幕以及地下工程的防渗、堵漏、控制地层沉降等。

3.6.1.2 注浆地基的施工质量验收应符合设计要求和《建筑地基基础工程施工质量验收规范》(GB 50202—2002)的有关规定，其质量验收项目和质量检验标准列于表3.6.1.2。

注浆地基验收项目和质量检验标准　　表3.6.1.2

项	序	检查项目		允许偏差或允许值		检查方法
				单位	数值	
主控项目	1	原材料检验	水泥	设计要求		查产品合格证书或抽样送检
			注浆用砂：粒径 　　　　细度模数 含泥量及有机物含量	mm %	<2.5 <2.0 <3	试验室试验
			注浆用黏土：塑性指数 黏粒含量 含砂量 有机物含量	% % % %	>14 >25 <5 <3	试验室试验
			粉煤灰：细度 　　　烧失量	不粗于同时使用的水泥		试验室试验
				%	<3	
			水玻璃：模数	2.5~3.3		抽样送检
			其他化学浆液	设计要求		查产品合格证书或抽样送检
	2	注浆体强度		设计要求		取样检验
	3	地基承载力		设计要求		按规定方法

续表

项	序	检查项目	允许偏差或允许值		检查方法
			单位	数值	
一般项目	1	各种注浆材料称量误差	%	<3	抽查
	2	注浆孔位	mm	±20	用钢尺量
	3	注浆孔深	mm	±100	量测注浆管长度
	4	注浆压力（与设计参数比）	%	±10	检查压力表读数

3.6.2 注浆地基施工技术

3.6.2.1 注浆施工前应清理、平整场地，开挖必要的集水坑和沟槽，确定注浆孔位并统一编号，注明施工顺序。

3.6.2.2 在实际工程中，根据不同的注浆对象和注浆目的选择不同的注浆方法和注浆材料，见表3.6.2.2。

根据不同对象选择灌浆方案　　表3.6.2.2

编号	灌浆对象	适用的灌浆原理	适用的灌浆方法	常用灌浆材料	
				防渗灌浆	加固灌浆
1	卵砾石	渗入性灌浆	套阀管法最好，也可用自上而下分段钻灌法	黏土水泥浆或粉煤灰水泥浆	水泥浆或硅粉水泥浆
2	砂及粉细砂	渗入性灌浆、劈裂灌浆	套阀管法最好，也可用自上而下分段钻灌法	酸性水玻璃、丙凝、单宁水泥系浆材	酸性水玻璃、单宁水泥浆或硅粉水泥浆

续表

编号	灌浆对象	适用的灌浆原理	适用的灌浆方法	常用灌浆材料 防渗灌浆	常用灌浆材料 加固灌浆
3	黏性土	劈裂灌浆、压密灌浆	套阀管法最好，也可用自上而下分段钻灌法	黏土水泥浆或粉煤灰水泥浆	水泥浆、硅粉水泥浆、水玻璃水泥浆
4	岩层	渗入性或劈裂灌浆	小口径孔口封闭自上而下分段钻灌法	水泥浆或粉煤灰水泥浆	水泥浆或硅粉水泥浆
5	断层破碎带	渗入性或劈裂灌浆	小口径孔口封闭自上而下分段钻灌法	水泥浆或先灌水泥浆后灌化学浆	水泥浆或先灌水泥浆后灌改性环氧树脂或聚氨脂
6	混凝土内微裂缝	渗入性灌浆	小口径孔口封闭自上而下分段钻灌法	改性环氧树脂或聚氯脂浆材	改性环氧树脂浆材
7	动水封堵	采用水泥水玻璃等快凝材料，必要时在浆液中掺入砂等粗料，在流速特大的情况下，尚可采取特殊措施，例如在水中预填石块或级配砂石后再灌浆			

3.6.2.3 花管注浆施工可按下列步骤进行：

（1）钻机和注浆设备就位。

（2）钻孔。调整钻杆位置和垂直度后即开始钻孔，必要时进行泥浆护壁钻孔。

（3）插入注浆花管。钻孔完成后应及时灌入封闭泥浆并插入注浆花管至设计位置。对于松散土层，可以利用振动法将注浆花管插入土层中。

（4）注浆。待封闭泥浆凝固后，按设计要求开泵进行注浆，直至达到注浆结束标准时方可结束注浆。

（5）清洗。注浆结束后，应及时用清水冲洗注浆设备、管路中的残留浆液。

3.6.2.4 袖阀管注浆施工可按下列步骤进行：

袖阀管注浆的优点是可在同一注浆孔内反复多次分段进行注浆，是最可靠的注浆工艺。

（1）钻机与注浆设备就位。

（2）钻孔。对于易塌孔土层，可用优质泥浆进行护壁，也可用套管护壁。

（3）插入袖阀管。插入袖阀管时应保持袖阀管位于钻孔的中心，以便后续浇注套壳料的厚度均匀。

（4）浇注套壳料。在袖阀管与孔壁间浇注套壳料至孔口。浇注套壳料时应避免套壳料进入袖阀管中。

（5）注浆。待套壳料具有一定强度后，在袖阀管内将双层双栓塞注浆芯管插入设计位置进行注浆。

（6）清洗。注浆完毕后，应用清水冲洗袖阀管中的残留浆液，以利下次再行重复注浆；对于不宜用清水冲洗的场地，可考虑用纯水玻璃灌满袖阀管。

3.6.2.5 压密注浆施工可按下列步骤进行：

（1）钻机与注浆设备就位；

（2）钻孔或采用振动法将注浆管插入土层，采用钻孔法，应从钻杆内灌入封闭泥浆，然后插入注浆管；

（3）待封闭泥浆凝固后，再实施注浆，直至注浆结束。

3.6.2.6 注浆孔可采用旋转式或冲击式钻机等机具钻孔。根据注浆方法和机具不同，钻孔孔径宜为 70～110mm，钻孔至设计深度为止。孔位偏差不得大于 50mm，钻孔垂直度应控制在 1% 以内。注浆孔设计有角度要求时应预先调节钻杆角度，倾角偏差不大于 2°。

3.6.2.7 浆液应经过搅拌机充分搅拌均匀后才能开始灌注，并在注浆过程中不停地缓慢搅拌，搅拌时间应小于浆液初凝时间。浆液在泵送前应经过筛网过滤。

3.6.2.8 注浆过程中，应对地面、周围建（构）筑物、地下管线进行沉降、倾斜监测。既有建筑物地基进行注浆加固时，应采用多孔间隔注浆和缩短浆液凝固时间等，防止注浆产生的附加沉降。

3.6.2.9 注浆过程中，做好详细的施工记录、分析和资料整理工作，经常对比相邻注浆孔的流量、压力和注浆量等参数，做到信息化施工，分析注浆中存在的问题，并及时解决。

3.6.3 注浆地基的检测

3.6.3.1 以水泥为主剂的注浆检验时间应在注浆结束 28d 后进行；黏性土注浆应在 60d 后进行；其他注浆材料应根据具体情况而定，不宜少于 7d。

3.6.3.2 注浆检验点可为注浆孔数的 1%；载荷试验、

开挖检验点不少于3个。当检验点合格率小于或等于80%，或大于80%但检验点的平均值达不到强度或防渗的设计要求时，应对不合格的注浆区重新注浆。

3.6.3.3 对于以地基加固为目的的注浆质量检验，可采用下列方法：

（1）静力触探、轻型动力触探测试加固前后土体强度指标的变化；

（2）用钻孔弹性波法测定加固土体前后的动弹性模量和剪变模量变化；

（3）标准贯入试验测定加固土体的力学性能；

（4）载荷试验；

（5）地基加固处理前后沉降观测结果的对比。

3.6.3.4 对于以地基防渗为目的的注浆质量检验，可采用下列方法：

（1）抽水（注水）试验测定注浆土体的渗透性；

（2）电探法或放射性同位素法测定浆液的扩散范围。

3.6.4 注浆地基施工应注意的事项

3.6.4.1 注浆压力是指不会使地表面产生变化和邻近建筑物受到影响前提下可能采用的最大压力。注浆压力值与地层土的密度、强度和初始应力、钻孔深度、位置及注浆次序等因素有关，而这些因素又难于准确地预知，因而宜通过现场注浆试验确定。

3.6.4.2 注浆量、注浆顺序应根据地质条件、现场环境和注浆目的确定。

3.6.4.3 在不同季节、不同气温条件下施工，应注意温度对浆液性能的影响，并及时调整浆液配比，保持浆液性能的稳定以确保注浆质量和效果。

（1）冬季日平均气温低于5℃或最低气温低于-3℃的条件下进行注浆施工时，应在施工现场采取适当措施，以保证浆液不冻结；

（2）夏季炎热条件下注浆施工时，用水温度不得超过30~35℃。应避免浆液暴露在阳光下，以防加速浆液凝固。

3.6.4.4 在注浆过程中，发现地面冒浆、跑浆时可采取下列措施进行处理：

（1）停止注浆，查清原因；

（2）减少注浆压力、加浓浆液或采用间歇式注浆；

（3）改换采用速凝浆液注浆。

3.7 预压地基

3.7.1 适用范围与质量标准要求

3.7.1.1 预压地基系指在拟建场地先行加载，使土体中的孔隙水排出产生固结沉降，从而使土体强度提高的地基。预压地基适用于处理淤泥质土、淤泥和冲填土等饱和黏性土地基。它包括堆载预压法和真空预压法。

3.7.1.2 堆载预压应检查堆载高度、沉降速率。真空预压应检查密封膜的密封性能、真空表读数等。

3.7.1.3 预压地基和塑料排水带质量验收标准应符合设计要求和《建筑地基基础工程施工质量验收规范》(GB 50202—2002)的有关规定，其质量验收项目和质量标准列于表3.7.1.3。

预压地基验收项目和质量检验标准　　表3.7.1.3

项目	序	检查项目	允许偏差或允许值		检查方法
			单位	数值	
主控项目	1	预压载荷	%	≤2	水准仪
	2	固结度（与设计要求比）	%	≤2	根据设计要求采用不同的方法
	3	承载力或其他性能指标	设计要求		按规定方法
一般项目	1	沉降速率（与控制值比）	%	±10	水准仪
	2	砂井或塑料排水带位置	mm	±100	用钢尺量
	3	砂井或塑料排水带插入深度	mm	±200	插入时用经纬仪检查
	4	插入塑料排水带时的回带长度	mm	≤500	用钢尺量
	5	塑料排水带或砂井高出砂垫层距离	mm	≥200	用钢尺量
	6	插入塑料排水带的回带根数	%	<5	检查记录

注：如真空预压，主控项目中预压载荷的检查为真空度降低值<2%

3.7.2 预压地基的施工技术

3.7.2.1 预压地基的材料质量，应满足下列要求：

（1）塑料排水带的性能指标必须符合设计要求，塑料排水带在现场应妥善保护，防止阳光照射，破损、扭曲或污染的不得使用；

（2）砂井的砂料应选用中粗砂，黏粒含量不大于3%，渗透系数大于1.0×10^{-2}cm/s；

（3）真空预压地基施工设置的真空管路的连接应严格闭封，在管路中应设置止回阀和截门。密封膜应采用抗老化性能好、韧性好、抗穿刺性能力强的不透气材料。

3.7.2.2 预压地基施工技术要求

（1）场地堆载预压前，应在其表面设置水平向排水盲沟和粗颗粒的滤料层。排水盲沟的间距和断面尺寸以及滤料层的厚度宜通过试验确定。

（2）堆载预压必须分级堆载。在确保地基稳定性的前提下，尽量提高预压效率。对于软黏土，一般情况下地基的沉降速率为10~15mm/d；孔隙力压力增量不大于预压荷载增量的60%。

（3）真空预压由于实施过程中不会增加土体的剪应力，其真空度可一次抽空至设计要求的最大吸力值，当连续5d实测的沉降量小于2mm/d，或固结度不小于80%并符合设计要求时，可停止抽气。

（4）当采用真空和堆载联合预压时，应先进行真空预压施工，当真空吸力达到设计要求且稳定后再进行堆载继续预压和抽真空。堆载时应在密封膜上铺设土工织物以防密封膜遭受破坏。

（5）预压地基的施工控制指标见表3.7.2.2。

预压地基施工质量控制指标　　表 3.7.2.2

项　目	质量控制标准
真空预压密封垫膜搭接长度	>15mm
塑料排水带搭接长度	>200mm
袋装砂井套管内径	>砂井直径
井距偏差/井径	≤1
垂直度偏差	≤1.5%
深度	≥设计深度
塑料排水带和砂井埋入砂垫层中长度	≥500 mm
日最大竖向变形量	≤10 mm
日边桩水平位移	≤5 mm

3.7.3 预压地基的质量检验

3.7.3.1 塑料排水带必须从现场随机抽样并进行如下性能测试：纵向涌水量、复合体抗拉强度、滤膜抗拉强度、滤膜渗透系数和等效孔径。

3.7.3.2 用于砂井和砂垫层的砂，必须进行颗粒分析和渗透性试验。

3.7.3.3 对重要工程，应在加载阶段进行原位十字板剪切试验和室内土工试验。

3.7.3.4 在预压过程中，应进行地基土的竖向变形、孔隙水压力、地下水位和边界土的侧向位移的监测。同时，在预压过程中应进行现场十字板剪切和室内土工试验检测。

3.7.3.5 在真空预压过程中，除以上监测外，尚应进行膜下真空度和地下水位的监测。

3.7.3.6 预压完成后，检验处理深度范围土体的竖向变形和平均固结度是否满足设计要求，采用原位十字板剪切试验和室内土工试验或其他原位试验检验地基土是否满足设计要求，必要时尚应进行不少于3台的静载荷试验。

3.7.4 预压地基施工注意事项

3.7.4.1 对重要工程，应在现场选择实验区进行预压试验，根据试验所获得的试验资料确定加载速率、推算土的固结度和竖向变形量，并分析预压处理效果以指导对原设计的修正和大面积施工。

3.7.4.2 对于堆载预压地基，堆载的底面积要大于建筑物轮廓面积以保证地基得到较均匀的加固。

3.7.4.3 堆载要严格控制加载速率，保证各级荷载下地基的稳定性，同时要避免局部堆载过高过大而引起地基的局部失稳。

3.7.4.4 对于超软黏土地基，堆载大小和施工工艺应精心做好施工设计，防止对软土的扰动和破坏。

3.7.4.5 真空预压的边缘应大于建筑基础轮廓线，每边增加量不得小于3.0m，每块预压面积宜尽可能呈正方形。

3.7.4.6 对于表层存在良好的透气层或在处理范围内有充足水源补给的透水层时，应采取有效措施隔断透气层或透水层。

3.7.4.7 真空预压的真空膜宜铺设三层，膜周边可采用挖沟折铺埋膜、板桩加覆水密封、围埝内全面覆水密封等方法进行封闭。

3.7.4.8 预压地基的卸载时间，当以控制变形为目的时，在竖向排水井范围内及其以受压土层经预压所完成的变形量和平均固结度符合设计要求后方可卸载；当以提高地基承载力或抗滑稳定性为目的时，在经预压后地基增长的强度满足承载力或稳定性要求后方可卸载。

3.8 振冲地基

3.8.1 适用范围与验收标准

3.8.1.1 振冲地基是利用振冲器在所需要处理的地基土中成孔，再向孔内添加填料（或不加填料）制成桩体，与原地基土构成的复合地基。这种利用振动和水冲加固土体的施工方法称作振动水冲法，简称振冲法。在砂性土地基中，振冲碎石桩不仅提高地基承载力，减少地基竖向变形和不均匀变形，并且可消除或部分消除地基地震液化。

3.8.1.2 振冲法适用于处理砂土、粉土、粉质黏土、素填土和杂填土等地基。在砂性土中，振冲起挤密作用，称振冲挤密。不加填料的振冲挤密仅适用于处理黏粒含量小于10%的中、粗砂地基。在黏性土中，振冲主要起置换作用，称振冲置换。主要适用于处理不排水抗剪强度不小于20kPa的黏性土、粉土、饱和黄土和人工填土等地基。

3.8.1.3 对于处理不排水抗剪强度不小于20kPa的饱和黏性土和饱和黄土地基，应在施工前通过现场试验确定其适用性。对于大型的、重要的或者场地地质条件复杂的工程，在正式施工前应通过现场试验确定其处理效果。

3.8.1.4 振冲地基的施工质量验收，应符合设计要求和《建筑地基基础工程施工质量验收规范》（GB 50202—2002）的有关规定。振冲地基质量验收项目和检验标准列于表3.8.1.4。

振冲地基验收项目和质量检验标准　　表3.8.1.4

项目	序	检查项目	允许偏差或允许值 单位	允许偏差或允许值 数值	检查方法
主控项目	1	填料粒径	设计要求		抽样检查
主控项目	2	密实电流（黏性土）	A	50~55	电流表读数
主控项目	2	密实电流（砂性土或粉土）	A	40~50	
主控项目	2	（以上为功率30kW振冲器）			
主控项目	2	密实电流（其他类型振冲器）	A_0	1.5~2.0	电流表读数，A_0为空振电流
主控项目	3	地基承载力	设计要求		按规定方法
一般项目	1	填料含泥量	%	<5	抽样检查
一般项目	2	振冲器喷水中心与孔径中心偏差	mm	≤50	用钢尺量
一般项目	3	成孔中心与设计孔位中心偏差	mm	≤100	用钢尺量
一般项目	4	桩体直径	mm	<50	用钢尺量
一般项目	5	孔深	mm	±200	量钻杆或重锤测

3.8.2 振冲地基施工技术

3.8.2.1 振冲施工前应做好以下准备工作：

（1）建筑物场地工程地质资料和必要的水文地质资料；

建筑场地地下管线与地下障碍物等资料；振冲桩施工图纸；振冲桩工程的施工组织设计或施工方案。

（2）施工前应根据复合地基承载力的大小、设计桩长、原状土强度的高低与设计桩径等条件，选用不同功率的振冲器。施工前，在施工现场（处理范围以外）进行两三个孔的试验，确定振冲施工参数，水压、清孔次数、填料方式、振密电流和留振时间等。对于大型工程，应在现场通过试验段的施工和处理效果的检测试验验证施工参数。

（3）清理平整施工场地，在施工场地四周用土筑起0.5~0.8m高的围堰，修排泥浆沟及泥浆存放池，施放振冲桩的桩位。

（4）成孔设备组装完成后，为准确控制成孔深度，在吊管上应设置控制深度的标志，以便在施工中进行观察记录。

3.8.2.2 加填料的振冲桩其桩体材料应满足下列要求：

（1）含泥量不大于5%的碎石、卵石、矿渣或其他性能稳定的硬质材料，不宜使用风化易碎的石料；

（2）对于30kW的振冲器填料粒径范围20~80mm；55kW的振冲器填料粒径范围30~100mm；75kW的振冲器填料粒径范围40~150mm。

3.8.2.3 振冲桩的施工

（1）振冲器的选择：应根据振冲桩的直径、原状土的强度等选用不同规格的振冲器。30kW振冲器一般成孔直径0.6~0.9m；55kW振冲器一般成孔直径0.7~1.1m；75kW振冲器一般成孔直径0.9~1.5m；

（2）成孔方法：施工机具就位，振冲器对准桩位，即振冲器喷水中心与孔径中心偏差小于50mm，启动水泵和振冲器，成孔时振冲器应保持1~2m/min的速度下沉，水压为0.4~0.6MPa，水量为200~400L/min；

（3）清孔：当成孔达到设计深度，以1m/min的速度边提振冲器边冲水（水压0.2~0.3MPa），将振冲器提至孔口，再以5~6m/min的速度边下沉振冲器边冲水至孔底，如此重复2~3次，最后将振冲器停留在设计加固深度以上30~50cm处，用循环水将孔中比较稠的泥浆排出，清孔时间大约1~2min；

（4）填料振密：清孔后开始填料制桩，每次投入孔中的填料0.2~0.5m³（即填料厚度不宜大于0.5m），然后将振冲器沉入到填料中进行振密。振密直至达到密实电流并留振（保持密实电流）10~20s，将振冲器提升0.3~0.5m，重复填料、振密，以上步骤，自下而上逐段制作桩体直至完成整个桩体，上述这种不提出振冲器，在孔口投料的方法称之为连续下料法；另一种间断下料法是将振冲器提出孔口，直接往孔中投入一定量的填料，再将振冲器沉入到填料中进行振密，如此反复进行，也是自下而上逐段制作桩体直至完成整个桩体；

（5）每根桩每投一次料，都必须记录桩体深度、填料量、密实电流和留振时间等；

（6）密实电流：30kW振冲器密实电流一般为45~55A；55kW振冲器密实电流一般为75~85A；75kW振冲器密实电流一般为95~105A。

3.8.2.4 振冲施工期间,应随时将泥浆池底部的稠泥浆挖除外运,泥浆池上部经沉淀后的清水可重复使用。

3.8.2.5 褥垫层的施工

桩体施工完成后,将桩顶部松散部分(预留)挖除,或碾压密实。然后施工褥垫层并压实。对于厚度 300~500mm 的褥垫层用重型压实机械(如 12t 振动压路机)可一次铺设褥垫层并压实;用轻型压实机械应分层铺设、压实褥垫层。经压实后的褥垫层密实度(或压实系数),应符合设计要求,对于一般中小型工程,可用夯填度不大于 0.9 控制。

3.8.3 振冲地基的检验

3.8.3.1 振冲施工时,应随时检查施工中的各项记录,如发现地质条件发生变化,或有遗漏,或振冲桩(振冲点)施工质量不符合规定要求,应进行补桩或采取其他有效的补救措施。

3.8.3.2 振冲地基的施工质量应满足设计要求和《建筑地基基础工程施工质量验收规范》(GB 50202—2002)中有关规定的要求。

3.8.3.3 振冲施工结束,砂土地基 1~2d 后即可进行质量检验;粉土地基 14~21d 后进行检验;黏性土地基 21~28d 后进行检验。

3.8.3.4 振冲桩的施工质量检验可采用单桩载荷试验或重型(Ⅱ)动力触探。单桩载荷试验的数量为总桩数的 0.5%,并且不少于 3 根;重型(Ⅱ)动力触探检测的数量为总桩数的1%,并且不少于5根。对于碎石桩密实程度判别标准参考当地勘察规范标准。

3.8.3.5 如果振冲地基需要消除地基地震液化,应采用桩间土标准贯入试验进行判别。标准贯入试验的数量按《岩土工程勘察规范》(GB 50021—2001)详细勘察要求的勘探点布置标准贯入试验孔。孔深应大于所处理的液化层深度。

3.8.3.6 振冲地基承载力的检验,应采用复合地基载荷试验,载荷试验的数量为总桩数的0.5%,并且每个单位工程不少于3台。对于不加填料振冲加密地基应采用标准贯入、动力触探、静载试验等方法。检测数量为振冲点数的1%,总数不小于5点。

3.8.3.7 经质量检验不符合设计或规范要求的振冲地基,应进行补桩或采取其他有效的补救措施后,再进行质量检验。

3.8.4 振冲地基施工应注意的事项

3.8.4.1 振冲施工时,要特别注意清孔问题。如果孔内黏土颗粒较多,不仅影响振冲桩的强度,而且桩体透水性差,尤其是对于处理液化地基,振冲桩起不到排水通道的作用。

(1) 清孔必须清到底,否则桩体底部将充满成孔时带下来的小颗粒土;

(2) 清孔时上提振冲器的速度不宜过快,否则小颗粒土还没有清除孔外,振冲器的振冲水流又将它们冲回孔内;

(3) 成孔后应及时清孔,否则孔内泥浆沉淀在桩体下部,对振冲桩强度有较大的影响;

（4）上下反复清孔 2~3 次，并保证最后振冲器在孔底清孔时间不少于 1 分钟。

3.8.4.2 监控台至振冲器的电缆不宜太长，过长电缆的电压降使振冲器的工作电压达不到设计要求的电压，影响振冲器正常工作，即影响振冲桩的施工质量。

3.8.4.3 一般成孔时的水压应根据土质情况而定，对强度低的土水压要小一些；强度高的土水压要大一些。成孔时的水压与水量要比加料振密过程中的大，当成孔接近设计加固深度时，要降低水压，避免破坏桩底以下的土。

3.8.4.4 在填料振密制桩施工时，制桩加密段的长度和投料量、加密电流、留振时间是保证桩体密实的主要控制参数。不要把振冲器刚接触填料瞬间的电流值作为密实电流。只有振冲器在某个固定深度上达到并保持密实电流持续一段时间（称为留振时间），才能保证该段桩体的密实，一般留振时间为 10~20s。为确保桩体的密实，每制成 300~500mm 的桩，留振 30~50s。

3.8.4.5 对于抗剪强度低的黏性土地基，为防止串孔并减少制桩时对原状土的扰动，应采用间隔施工方法。

3.9 高压喷射注浆地基

3.9.1 适用范围与验收标准

3.9.1.1 高压喷射注浆地基是利用钻机成孔，再把带有喷嘴的注浆管插进土体预定深度后，用高压设备以 20~40MPa 高压把混合浆液或水从喷嘴中以很高的速度喷射出来，土颗粒在喷射流的作用下（冲击力、离心力、重力）与浆液搅拌混合，待浆液凝固后，便在土中形成一个固结体，与原地基土构成的复合地基。

3.9.1.2 高压喷射注浆适用于处理砂土、粉土、黏性土（包括淤泥质土）、黄土、素填土和杂填土等地基。但对于砾石直径过大、砾石含量高以及含有大量纤维质的腐殖土，喷射质量较差。强度较高的黏性土中喷射直径受到限制。

对于地下水流速过大、无填充物的岩溶地段、永久冻土和对水泥有严重腐蚀的地基，均不宜采用高压喷射注浆地基。

当土中含有较多的大粒径块石、大量植物根茎或有较高的有机质，以及地下水流速过大和已涌水的工程，应根据现场试验结果确定其适用性。

高压喷射注浆法既可用于新建建筑物地基加固，也可用于既有建筑物地基加固。

高压喷射注浆法不仅仅用于提高地基承载力，还可用于整治局部地基下沉、防止基坑底部隆起、防止小型塌方滑坡、防止地基冻胀、防止砂土液化、减少设备基础振动、止水帷幕等，应用范围很广。

3.9.1.3 高压喷射注浆地基的施工质量验收，应符合设计要求和《建筑地基基础工程施工质量验收规范》（GB 50202—2002）的有关规定。高压喷射注浆地基质量验收项目和检验标准列于表 3.9.1.3。

高压喷射注浆地基验收项目和质量检验标准　表3.9.1.3

项目	序	检查项目	允许偏差或允许值 单位	允许偏差或允许值 数值	检查方法
主控项目	1	水泥及外掺剂质量	符合出厂要求		查产品合格证或抽样送检
	2	水泥用量	设计要求		查看流量表及水泥浆水灰比
	3	桩体强度或完整性检验	设计要求		按规定方法
	4	地基承载力	设计要求		按规定方法
一般项目	1	钻孔位置	mm	≤50	用钢尺量
	2	钻孔垂直度	%	≤1.5	经纬仪测钻杆或实测
	3	孔深	mm	±200	用钢尺量
	4	注浆压力	按设定参数指标		查看压力表
	5	桩体搭接	mm	>200	用钢尺量
	6	桩体直径	mm	≤50	开挖后用钢尺量
	7	桩身中心允许偏差		≤0.2D	开挖后桩顶下500mm处用钢尺量，D为桩径

3.9.2 高压喷射注浆地基施工技术

3.9.2.1 高压喷射注浆施工前应做好以下准备工作：

（1）建筑物场地工程地质资料和必要的水文地质资料；建筑场地地下管线与地下障碍物等资料；高压喷射注浆地基施工图纸；高压喷射注浆地基工程的施工组织设计或施工方案；

（2）对既有建筑物在制定高压喷射注浆施工方案前，应收集有关的历史和现状资料、临近建筑物和地下设施等资料；

（3）施工前根据高压喷射注浆施工方案，在施工现场进行试验，确定高压喷射注浆施工参数及工艺，即喷射注浆管选用单管，或二重管，或三重管；施工参数高压水的流量和压力、压缩空气的流量和压力、浆液的流量和压力、注浆管旋转速度和提升速度、浆液配合比等；

（4）清理平整施工场地，修排浆沟及废浆存放池，布置高压喷射注浆桩的桩位；

（5）组装高压喷射注浆施工设备。为准确控制成孔深度，在注浆管上应设置控制深度的标尺，以便在施工中进行观察记录。

3.9.2.2 高压喷射的浆液一般为水泥浆液，也可以喷射化学浆液。水泥浆的水灰比为 1∶1～1.5∶1 之间，常用水灰比为 1∶1，并可根据需要加入适量的外加剂，以达到减缓浆液沉淀（碱+膨润土等）、速凝（氯化钙、水玻璃、硫酸钠、三乙醇胺等）、防冻（氟石粉）等效果。应符合下列要求：

（1）所有制备浆液的原材料都必须在进场后进行复试，合格后才允许使用；

（2）所有外加剂的掺量，应通过试验确定；

（3）浆液制备后，宜在 1h 内喷射完毕。使用前应滤去硬块、杂物，避免堵塞管路或喷嘴。

3.9.2.3 高压喷射注浆桩的施工：

（1）高压喷射注浆主要工艺技术参数如表 3.9.2.3。

（2）钻孔，为了将旋喷注浆管插入到预定的土层中，用钻机成孔。一般单管旋喷使用 70 型或 76 型旋转振动钻机，遇到比较坚硬的土层时用地质钻机成孔；二重管和三重管旋喷一般采用地质钻机成孔。

（3）插注浆管，当成孔达到设计深度，提出钻孔用的岩芯管，换上旋喷注浆管插入到设计深度（单管旋喷使用70型或76型振动钻机时，插管与钻孔两道工序合二为一，钻具也是注浆管，即钻孔完成，插管作业也完成）。在插管过程中，为防止泥砂堵塞喷嘴，边下注浆管边冲水，水压一般不超过1.0MPa以避免水压过高易将孔壁射塌。

高压喷射注浆施工技术参数　　　　表3.9.2.3

技术参数		旋喷方法		
		单管法	二重管法	三重管法
高压水	压力(MPa)	/	/	>20
	流量(L/min)			30~120
	喷嘴直径及个数			$\phi 2 \sim 3mm(2 \sim 4)$
压缩空气	压力(MPa)	/	≥0.7	≥0.7
	流量(L/min)		≥3	≥3
	喷嘴直径及个数		环状喷嘴 $\phi=1\sim3mm(2个)$	环状喷嘴 $\phi=1\sim3mm(2\sim4个)$
水泥浆液	压力(MPa)	>20	>20	>20
	流量(L/min)	80~120	80~120	80~120
	喷嘴直径及个数	$\phi 2\sim3mm(2个)$	$\phi 2\sim3mm(2个)$	$\phi 10\sim14mm(1个)$
注浆管	注浆管外径(mm)	$\phi 42$ 或 $\phi 45$	$\phi 42,\phi 50,\phi 75$	$\phi 75$ 或 $\phi 90$
	提升速度(mm/min)	200~250	约100	约100
	旋转速度(r/min)	约20	约10	约10

（4）旋喷作业，注浆管插到设计深度后，开始由下至上进行喷射施工，施工技术参数见表3.9.2.3。施工人员必须时刻注意检查浆液的初凝时间、注浆压力、流量、风量以及注浆管的旋转速度和提升速度等技术参数并确保符合设计要求。同

时，做好施工记录，绘制作业过程曲线。

3.9.2.4 高压喷射注浆施工所用注浆液，搅拌时应按设计配合比投料，不得随意更改。禁止使用受潮和过期水泥，在旋喷过程中应防止水泥浆沉淀，当注浆液放置时间超过20h时，应停止使用该水泥浆。

3.9.2.5 清洗和移机。当旋转喷射并提升到设计标高后，旋喷施工即告结束，移机到下一个孔位。施工完毕后，应把注浆管提出地面，用清水替换浆液，在地面上喷射，以便把注浆泵、注浆管以及连接软管内的浆液全部排出，不得残存水泥浆。

3.9.3 高压喷射注浆地基的检验

3.9.3.1 高压喷射注浆施工时，应随时检查施工中的各项记录，如发现地质条件发生变化、或有遗漏、或高压喷射注浆桩（高压喷射注浆点）施工质量不符合设计和有关标准规定要求，应进行补桩或采取其他有效的补救措施。

3.9.3.2 高压喷射注浆地基的施工质量应按设计要求和《建筑地基基础工程施工质量验收规范》（GB 50202—2002）中有关规定进行检验。

3.9.3.3 高压喷射注浆地基施工结束28d后进行检验。

3.9.3.4 高压喷射注浆桩的施工质量检验主要内容：

（1）桩体的完整性；

（2）桩体的有效直径；

（3）桩体的垂直度；

（4）桩体的强度。

3.9.3.5 桩体的完整性检查，在施工完成的桩体上，钻孔取芯样来检查桩体的完整性，并可将所取芯样做成标准试件进行室内抗压试验，验证其强度指标是否满足设计要求。

3.9.3.6 桩体的有效直径检查，当旋喷桩具有一定强度后，将桩顶部挖开，检查旋喷桩的直径、桩体施工质量（均匀性）等。

3.9.3.7 桩体的垂直度，可检查钻孔的垂直度代替桩体的垂直度。在施工中经常测量钻机钻杆的垂直度，或测量孔的倾斜度。

3.9.3.8 桩体的强度，应采用钻孔取芯检测桩体强度，也可采用标准贯入度试验、单桩载荷试验等方法检测。

3.9.3.9 竖向承载旋喷桩地基竣工验收时应按《建筑地基处理技术规范》（JGJ 79—2002）的规定，采用复合地基载荷试验或单桩载荷试验检验其地基承载力。

3.9.3.10 桩身施工质量的检验数量，应为喷射孔数量的1%，并不少于3根。

3.9.3.11 载荷试验的数量为总桩数的0.5%~1%，并且每个单体工程不少于3点。

3.9.4 高压喷射注浆地基施工应注意的事项

3.9.4.1 喷射注浆前要检查高压设备和管路系统，保证正常工作。注浆管及喷嘴内不得有杂质，注浆管的接头密封圈必须良好。插管前用薄塑料膜将喷嘴包扎好，防止泥砂堵住喷嘴。

3.9.4.2 高压喷射注浆施工时，如果出现压力骤然下降、上升或冒浆异常现象时（冒浆量超过注浆量20%或完全不冒浆），应查明原因并及时采取相应措施。

3.9.4.3 高压水泵与钻机（喷射注浆管）之间的距离不宜太远，过长的高压橡胶软管会使高压喷射流压力损失增大，造成实际喷射压力降低，达不到设计要求的有效直径。

3.9.4.4 为了保证深层硬土中桩的施工质量，或提高桩体的强度，或加大有效直径，也可采取复喷工艺等措施。

3.9.4.5 当注浆管不能一次提升完成喷射，而需分两次或两次以上拆卸注浆管时，应先停止提升和回转，同时停止送浆，并逐步减少送风量和送水量，直至停机。拆卸完毕继续喷射时，喷射桩段的搭接长度不得小于100mm。

3.9.4.6 为防止因浆液凝固收缩产生桩体顶部凹穴（凹穴深度约0.3~1.0m），可采用超高喷射、回灌冒浆、二次注浆等措施。

3.9.4.7 当处理既有建筑物的地基时，应采用速凝浆液或跳孔喷射以及冒浆回灌等措施。

3.10 水泥土搅拌桩地基

3.10.1 适用范围与验收标准

3.10.1.1 水泥土搅拌桩地基是指利用水泥（或水泥系材

料）为固化剂，通过特制的搅拌机械，对地基土和水泥强制搅拌，形成水泥土桩体，与原地基土构成的复合地基。根据固化剂掺入状态的不同，分为湿法（浆液搅拌）和干法（粉体喷射搅拌）。水泥土搅拌桩适用于处理无流动地下水的饱和松散砂土、粉土、黏性土（包括正常固结的淤泥、淤泥质土）、黄土、素填土（小粒径）等地基。水泥土搅拌桩用于处理泥炭土、有机质土、塑性指数 I_p 大于 25 的黏土、地下水具有腐蚀性时以及无工程经验的地区，必须通过现场试验确定其适用性。

3.10.1.2 水泥土搅拌桩不仅用于提高地基承载力，还可用于基坑工程围护挡墙、防止基坑底部隆起加固、防渗帷幕、大体积水泥稳定土等。加固体可分为柱状、壁状、格栅状或块状等形态。

3.10.1.3 水泥土搅拌桩地基的施工质量验收，应符合设计要求和《建筑地基基础工程施工质量验收规范》（GB 50202—2002）的有关规定。水泥土搅拌桩地基质量验收项目和检验标准列于表 3.10.1.3。

3.10.2 水泥土搅拌桩地基施工技术

3.10.2.1 水泥土搅拌桩施工前应做好以下准备工作：

（1）拟建场地工程地质资料和必要的水文地质资料；建筑场地地下管线与地下障碍物等资料；水泥土搅拌桩地基施工图纸；水泥土搅拌桩地基工程的施工组织设计或施工方案。

水泥土搅拌桩地基验收项目和质量检验标准　　表 3.10.1.3

项	序	检查项目	允许偏差或允许值		检查方法
			单位	数值	
主控项目	1	水泥及外掺剂质量	设计要求		查产品合格证或抽样送检
	2	水泥用量	参数指标		查看流量计
	3	桩体强度	设计要求		按规定方法
	4	地基承载力	设计要求		按规定方法
一般项目	1	机头提升速度	m/min	≤0.50	量机头上升距离和时间
	2	桩底标高	mm	±200	测机头深度
	3	桩顶标高	mm	+100 −50	水准仪（最上部 500mm 不计入）
	4	桩位偏差	mm	<50	用钢尺量
	5	桩径		<0.04D	用钢尺量，D 为桩径
	6	垂直度	%	≤1.50	经纬仪
	7	搭接	mm	>200	用钢尺量

（2）在制定水泥土搅拌桩施工方案前，应由建设单位、设计单位会同施工单位到现场收集土样，做水泥土的配比试验，测定水泥土的不同龄期和配比的试块强度，确定施工时的水泥土配比。

（3）施工前根据水泥土搅拌桩施工方案，在施工现场进行工艺性试验，数量不少于 2 根，确定水泥土搅拌桩施工参数及工艺，即水泥浆的水灰比、喷浆压力、喷浆量、旋转速度、提升速度、搅拌次数等。

（4）清理平整施工场地，清除地上和地下障碍物，施放水泥土搅拌桩的桩位。

（5）组装水泥土搅拌施工设备。为准确控制成孔深度，在钻机架上应设置控制深度的标尺，以便在施工中进行观察记录。

3.10.2.2 湿法施工的搅拌桩，浆液（水泥系）宜采用强度等级为 P.O 32.5 及其以上的水泥，严禁使用过期或受潮水泥。严格控制水灰比（一般为 0.45~0.5）。制备好的浆液不得离析，浆液不得停置时间过长，超过 2h 应降低等级使用。浆液在灰浆搅拌机中要不停搅拌，直到送浆为止。在搅拌过程中，水泥浆应连续泵送。拌制水泥浆的罐数、水泥和外加剂用量以及泵送浆液的时间应有专人记录。

3.10.2.3 干法施工的搅拌桩，固化剂（水泥系）最好采用 P.O 42.5 水泥，严禁使用过期或受潮水泥。施工前应严格检查搅拌机械、供粉泵、送气（粉）管路、接头和阀门的密封性、可靠性。送气（粉）管路的长度不宜大于 60m。水泥和外加剂用量以及泵送灰粉的时间应有专人记录。

3.10.2.4 水泥土搅拌桩（湿法）喷浆量和搅拌深度必须采用经国家计量部门认证的监测仪器进行自动记录。同理，水泥土搅拌桩（干法）喷粉量和搅拌深度必须采用经国家计量部门确认的具有能瞬时检测并记录出粉量的粉体计量装置及搅拌深度自动记录仪。

3.10.2.5 水泥土搅拌桩的施工（湿法）

（1）搅拌机械就位：为保证桩位准确使用定位卡，桩位对中偏差不大于 20mm，导向架和搅拌轴应与地面垂直，垂直度的偏差不大于 1.5%；

（2）预搅下沉至设计加固深度：如果遇到较硬土层下沉

速度太慢，可从输浆系统补给适量清水以利钻进，但应考虑冲水对桩身强度的影响；

（3）深层搅拌机下沉达到设计深度后，开启灰浆泵将水泥浆压入地基中。当水泥浆到达出浆口后，应喷浆搅拌30s，在水泥浆与桩端土充分搅拌后，再提升搅拌头；

（4）边喷浆、边搅拌并提升搅拌头，直至预定的停浆面，喷浆提升速度应参照《建筑地基处理技术规范》（JGJ 79—2002）条文说明中第11.3.7条公式（11）计算确定；

（5）重复钻进搅拌，按前述操作要求进行，如喷浆量已达到设计要求时，只需复搅，可不再送浆；

（6）加固体内任意一点的水泥土均能经过20次以上的搅拌，按《建筑地基处理技术规范》（JGJ 79—2002）条文说明中第11.3.2条公式（10）计算出每遍搅拌次数 N，再确定搅拌遍数。每根桩搅拌遍数不应少于3遍。

3.10.2.6 水泥土搅拌桩的施工（干法）

（1）搅拌机械就位，为保证桩位准确使用定位卡，桩位对中偏差不大于20mm，导向架和搅拌轴应与地面垂直，垂直度的偏差不大于1.5%；

（2）预搅下沉至设计加固深度，当搅拌头下沉至设计桩底以上1.5m时，应立即开启喷粉机提前进行喷粉作业；

（3）当水泥到达出粉口后，应喷粉搅拌30s，在水泥与桩端土充分搅拌后，再提升搅拌头；

（4）搅拌头每旋转一周，其提升高度不得大于16mm；

（5）边喷粉、边搅拌并提升搅拌头，直至地面下500mm

时，喷粉机停止喷粉作业；

（6）重复钻进搅拌，按前述操作要求进行，如喷粉量已达到设计要求时，只需复搅，可不再送粉；

（7）加固体内任意一点的水泥土均能经过20次以上的搅拌，通过《建筑地基处理技术规范》（JGJ 79—2002）条文说明中第11.3.2条公式（10）计算出每遍搅拌次数 N，再确定搅拌遍数，每根桩搅拌遍数不应少于3遍。

3.10.2.7 清洗和移机

当旋转喷射并提升到设计标高后，旋喷施工即告结束，移机到下一个孔位。施工完毕后，应把注浆管提出地面，用清水替换浆液，并在地面上喷射，以便把注浆泵、注浆管以及连接软管内的浆液全部排出，不得残存水泥浆。

3.10.3 水泥土搅拌桩地基的检验

3.10.3.1 水泥土搅拌施工时，应随时检查施工中的各项记录，如发现地质条件发生变化，或有遗漏，或水泥土搅拌桩（水泥土搅拌点）施工质量不符合规定要求，应进行补桩或采取其他有效的补救措施。

3.10.3.2 重点检查输浆量（水泥用量）、输浆速度、总输浆时间、桩长、搅拌头转数和提升速度、复搅次数和复搅深度、停浆处理方法等。

3.10.3.3 水泥土搅拌桩地基的施工质量应满足设计要求和《建筑地基基础工程施工质量验收规范》（GB 50202—2002）中有关规定的要求。

3.10.3.4 水泥土搅拌桩应在施工结束 28 天后进行检验。

3.10.3.5 水泥土搅拌桩的施工质量检验的主要项目为：

（1）桩体的完整性和均匀性；

（2）桩体的直径；

（3）桩体的垂直度；

（4）桩体的强度。

3.10.3.6 桩体的完整性检查，可随机选取一定数量的桩进行小应变动力试验，检验桩身完整性。桩体的均匀性检查，可在成桩 7d 后采用轻便触探检查，其方法是从桩顶开始，每米桩身均先钻 700mm 长的孔，然后进行 300mm 的轻便触探试验，直至桩端。

3.10.3.7 桩体的直径检查，成桩 7d 后将桩顶部挖开，检查桩的直径、桩体施工质量（搅拌均匀性）等。

3.10.3.8 桩体的垂直度可用检查搅拌轴的垂直度代替。

3.10.3.9 桩体的强度可用双管单动取样器钻取芯样作抗压强度检验，检验数量为施工总桩数的 0.5%，且不少于 3 根。桩体强度的检验最直接的方法是单桩载荷试验。

3.10.3.10 根据《建筑地基处理技术规范》（JGJ 79—2002）的有关规定，竖向承载水泥土桩地基竣工验收时，承载力检验应采用复合地基载荷试验和单桩载荷试验。

3.10.3.11 施工质量的检验数量，桩身完整性检验应随机选取不少于总桩数的 10%；桩体直径的检查应不少于总桩数的 5%；桩体均匀性检查应不少于总桩数的 1%，并不少于 3 根。

3.10.3.12 载荷试验的数量为总桩数的0.5%~1%，并且每个单体工程不少于3点。

3.10.4 水泥土搅拌桩地基施工应注意的事项

3.10.4.1 当地基土中的天然含水量小于30%（黄土含水量小于25%）、大于70%或地下水pH值小于4时，均不宜采用干法施工。

3.10.4.2 对于处理泥炭土、有机质土、塑性指数I_p大于25的黏土、地下水具有腐蚀性以及无工程经验的地区或重要工程，必须通过现场试验确定其适宜性以及设计和施工参数。

3.10.4.3 水泥土搅拌桩施工宜用流量泵控制输浆速度，使注浆泵出口压力保持在0.4~0.6MPa，并应使提升速度与输浆速度同步。提升速度的误差不大于100mm/min。

3.10.4.4 如搅拌机预搅下沉达不到设计深度，但电流不高，可能是土质黏性大、搅拌机自重不够造成的，应采取增加搅拌机自重或开动加压装置。

3.10.4.5 当喷浆未到设计桩顶标高（或底部桩端标高）集料斗中浆液已排空时，应检查投料量、有无漏浆和灰浆泵输送浆液流量。处理方法为重新标定投料量，或者检修设备，或者重新标定灰浆泵输送流量。

3.10.4.6 当喷浆到设计桩顶标高（或底部桩端标高）集料斗中浆液剩浆过多时，应检查投料量、输浆管路是否部分堵塞和灰浆泵输送浆液流量。处理方法为重新标定投料量，或者清洗输浆管路，或者重新标定灰浆泵输送流量。

3.10.4.7 如搅拌钻头与混合土同步旋转，是由于灰浆浓度过大或者搅拌叶片角度不适宜造成的，可采取重新确定浆液的水灰比，或者调整叶片角度、更换钻头等措施。

3.10.4.8 水泥土搅拌桩施工时，停浆（灰）面应高于桩顶设计标高300～500mm。成桩过程中因故停止喷浆（喷粉），应将搅拌头下沉至停浆（停灰）面以下0.5m（1.0m）处，待恢复喷浆（喷粉）时再搅拌提升。

3.11 土和灰土挤密桩复合地基

3.11.1 适用范围与验收标准要求

3.11.1.1 土和灰土挤密桩复合地基是指将土或土与一定比例的消石灰掺合，采用不同的方式将其夯入已成孔内，在成孔与夯实的同时将桩周土挤密，提高桩间土的密度和承载力的复合地基。适用于处理地下水位以上的湿陷性黄土、素填土和杂填土等地基，处理深度为5～15m。当以消除地基土的湿陷性为主要目的时，宜选用土挤密桩法。当以提高地基土承载力或增强其水稳性为主要目的时，宜选用灰土挤密桩法。当地基土的含水量大于24%、饱和度大于65%时，不宜选用土和灰土挤密桩复合地基。灰土挤密桩复合地基设计常用的灰土体积比为3:7或2:8。

3.11.1.2 土和灰土挤密桩复合地基的质量验收应符合设

计要求和《建筑地基基础工程施工质量验收规范》(GB 50202—2002)的有关规定,其质量验收项目的质量验收标准列表于3.11.1.2。

土和灰土挤密桩复合地基验收项目和质量检验标准

表3.11.1.2

项目	序	检查项目	允许偏差或允许值		检查方法
			单位	数值	
主控项目	1	桩体与桩间土干密度		设计要求	现场取样检查
	2	桩长	mm	+500	测桩管长度或垂球测孔深
	3	地基承载力		设计要求	按规定方法
一般项目	1	土料的有机质含量	%	≤5	试验室焙烧法
	2	石灰粒径	mm	≤5	筛分法
	3	桩位偏差		满堂布桩≤0.40D 条基布桩≤0.25D	用钢尺量,D为桩径
	4	垂直度	%	≤1.5	用经纬仪测桩管
	5	桩径	mm	-20	用钢尺量

注:桩径允许偏差负值是指个别断面

3.11.2 土和灰土挤密桩复合地基施工技术

3.11.2.1 土和灰土挤密桩复合地基的材料质量,应满足下列要求:

(1) 土和灰土挤密桩复合地基的土料宜采用有机质含量不大于5%的素土,严禁使用膨胀土、盐渍土等活动性较强的土。使用前应过筛,最大粒径不得大于15mm。石灰宜用消解(闷透)3~4d的新鲜生石灰块,使用前过筛,粒径不得大于

5mm，熟石灰中不得夹有未熟的生石灰块。

（2）灰土料应按设计体积比要求拌和均匀，颜色一致。施工时使用的土或灰土含水量应接近最优含水量。最优含水量应通过击实试验确定。一般控制土的含水量为16%左右，灰土的含水量为10%左右，施工现场检验的方法是用手将土或灰土紧握成团，轻捏即碎为宜。如果含水量过多或不足时，应晒干或洒水湿润，拌和后的土或灰土料应当日使用。

（3）施工时，被处理土层的含水量也应接近其最优含水量，当地基土的含水量小于12%时，应进行增湿处理。增湿处理宜在地基处理前4~6d进行，将需增湿的水通过一定数量和一定深度的渗水孔，均匀地浸入拟处理范围的土层中。

3.11.2.2 土和灰土挤密桩复合地基施工技术，应符合下列要求：

（1）施工准备。应根据设计要求、现场土质、周围环境等情况选择适宜的成桩设备和施工工艺。设计标高以上的预留土层应满足下列要求：

1）沉管（锤击、振动）成孔，宜为0.50~0.70m；

2）人工或机动洛阳铲成孔，宜为0.50~0.70m；

3）冲击成孔，宜为1.20~1.50m。

（2）土和灰土挤密桩复合地基施工。土或灰土的铺设厚度应根据不同的施工方法按表3.11.2.2选用。夯击遍数应根据设计要求，通过现场干密度试验确定。

采用不同施工方法虚铺土或灰土的厚度控制

表 3.11.2.2

夯实机械	机具重量（t）	虚铺厚度（cm）	备 注
石夯、木夯（人工）	0.04~0.08	20~25	人工，落距40~50cm
轻型夯实机	1~1.5	25~30	夯实机或孔内夯实机
沉管桩机		30	40~90kW 振动锤
冲击钻机	0.6~3.2	30	

（3）成孔和孔内回填夯实的施工顺序。当整片处理时，宜从里（或中间）向外间隔1~2孔进行，对大型工程可采用分段施工；当局部处理时，宜从外向里间隔1~2孔进行。

3.11.2.3 土和灰土挤密桩复合地基施工完成后，应进行质量检验，达到质量要求后方可进行下一工序的施工。

3.11.3 土和灰土挤密桩复合地基的检验

3.11.3.1 土和灰土挤密桩复合地基施工质量应满足设计要求和《建筑地基基础工程施工质量验收规范》（GB 50202—2002）的有关规定的要求，其主要指标按表3.11.3.1选用。

土和灰土的质量标准　　　　表 3.11.3.1

部　位	压实系数 λ_c	挤密系数 η_c	控制含水量（%）
土和灰土挤密桩	≥0.96		$w_{op} \pm 2$
桩间土		重要工程≥0.93 一般工程≥0.90	
湿陷性判别	满足设计及相关规范的要求		

3.11.3.2 土和灰土挤密桩复合地基的现场质量检验,宜采用环刀取样,测定其干密度,土和灰土的最小干密度要求列于表 3.11.3.2。

当采用贯入仪或其他手段检验土和灰土挤密桩复合地基质量时,使用前,应在现场做对比试验(与控制干密度对比)。

现场土和灰土的质量标准　　　　　表 3.11.3.2

部　位	土的类别	最小干密度 ρ_d（t/m³）
土挤密桩	粉土	1.73
	粉质黏土	1.59
	黏土	1.49
灰土挤密桩	粉土	1.55
	粉质黏土	1.50
	黏土	1.45
桩间土 (重要工程)	粉土	1.68
	粉质黏土	1.54
	黏土	1.45
桩间土 (一般工程)	粉土	1.62
	粉质黏土	1.49
	黏土	1.40

3.11.3.3 施工过程中干密度检验的取样位置及数量应符合下列要求:

(1) 桩间土,取样自桩顶下 0.5m 起,沿深度每 1m 不应少于 2 点(1 组),即:桩孔外 100mm 处 1 点,桩孔之间½处 1 点。桩长大于 6m,全部深度内取样点不应少于 12 点(6 组);桩长小于 6m 时,全部深度内取样点不应少于 10 点(5 组)。

（2）桩体，取样自桩顶下 0.5m 起，沿深度每 1m 不应少于 2 点（1 组），即：桩孔内距桩孔边缘 50mm 处 1 点，桩孔中心（1/2 处）1 点。桩长大于 6m 时，全部深度内取样点不应少于 12 点（6 组）；桩长小于 6m 时，全部深度内取样点不应少于 10 点（5 组）。

（3）抽样检验的数量：重要工程不少于总桩数的 1.5%；一般工程不少于总桩数的 1.0%，且每台班不得少于 1 孔，桩间土检测与其相对应。其他方面的质量检测应按设计要求执行。

3.11.3.4　对于质量不合格的土和灰土挤密桩复合地基，应进行补桩处理并进行跟踪检测。

3.11.3.5　土和灰土挤密桩复合地基的承载力检验应通过复合地基静载试验确定。其数量为总桩数的 0.5%~1.0%，且不少于 3 处。

3.11.4　土和灰土挤密桩复合地基施工时的注意事项

3.11.4.1　采用人工或机械洛阳铲成孔在达到设计深度后要进行孔底虚土的夯实，在确保孔底虚土密实后再倒入土或灰土进行成桩施工。

3.11.4.2　雨期施工应采取防雨措施，防止灰土和土料受雨水淋湿。夯实后的土或灰土，在三日内不得受水浸泡。灰土垫层施工完成后应及时修建基础和回填基坑（槽），或作临时遮盖，防止日晒雨淋。夯实完或尚未夯实的土或灰土，如受水浸泡，应将积水及松软的土挖除，再进行补夯；受浸湿的土或灰土，应晾干后使用。

3.11.4.3 当采用不同设备进行土和灰土挤密桩复合地基施工时，应根据现场土的干密度实验及室内实验的分析对比结果确定夯实遍数、虚铺厚度等施工参数。必要时，宜采用现场施工试验段提供设计和施工参数。

一般情况下，现场土料的均匀性、含水量与室内实验结果不尽相同。土料或灰土料的现场含水量应稍小于实验室得出的最优含水量才能达到最佳夯实效果。

3.11.4.4 当局部处理时，在非自重湿陷场地，处理范围每边应超出基础边缘 $0.25b$（b 为基础宽度）并不应小于 $0.5m$；在自重湿陷场地，处理范围每边应超出基础边缘 $0.75b$（b 为基础宽度）并不应小于 $1m$。

当整片处理时，处理范围每边超出建筑物外墙基础的宽度不宜少于处理深度 $1/2$。

3.11.4.5 土和灰土挤密桩复合地基不宜在负温下施工。否则，应对土料、石灰采取有效防冻措施，确保其不受冻害。

3.12 水泥粉煤灰碎石桩复合地基

3.12.1 适用范围与验收标准要求

3.12.1.1 水泥粉煤灰碎石桩（简称 CFG 桩）复合地基是由水泥、粉煤灰、碎石、砂或石屑加水拌和形成的高粘结强度桩（亦可用素混凝土桩），与桩间土、褥垫层一起构成的复合地基。水泥粉煤灰碎石桩一般在基础范围内布桩，桩径宜取

300~600mm，桩间距宜取 3~5 倍桩径，桩端持力层应选择承载力相对较高的土层。

3.12.1.2 水泥粉煤灰碎石桩适用于处理黏性土、粉土、砂土和已自重固结的素填土等地基。对淤泥和淤泥质土应按地区经验或通过现场试验确定其适用性。就基础形式而言，既可用于扩展基础，又可用于箱形基础、筏形基础。

3.12.1.3 水泥粉煤灰碎石桩复合地基的施工质量验收，应符合设计要求和《建筑地基基础工程施工质量验收规范》（GB 50202—2002）的有关规定，其质量验收项目和检验标准列于表 3.12.1.3。

水泥粉煤灰碎石桩复合地基验收项目和质量检验标准　表 3.12.1.3

项目	序	检查项目	允许偏差或允许值		检查方法
			单位	数值	
主控项目	1	原材料		设计要求	查产品合格证书或抽样送检
	2	桩径	mm	−20	用钢尺量或计算填料量
	3	桩身强度		设计要求	查 28d 试块强度
	4	地基承载力		设计要求	按规定的方法
一般项目	1	桩身完整性		按《建筑基桩检测技术规范》	按《建筑基桩检测技术规范》
	2	桩位偏差		满堂布桩≤0.40D 条形布桩≤0.25D	用钢尺量，D 为桩径
	3	桩垂直度	%	≤1.5	用经纬仪测钻杆或桩管
	4	桩长	mm	+100	测钻杆（桩管）长度或垂球测孔深
	5	褥垫层夯填度		≤0.9	用钢尺量

注：1. 夯填度指夯实后的褥垫层厚度与虚体厚度的比值。

　　2. 桩径允许偏差负值是指个别断面。

3.12.2 水泥粉煤灰碎石桩复合地基施工技术

3.12.2.1 施工方法

水泥粉煤灰碎石桩（CFG桩）成桩采用的施工方法主要有：长螺旋钻孔管内泵压混合料灌注成桩、振动沉管灌注成桩等。

（1）长螺旋钻孔管内泵压混合料灌注成桩，适用于黏性土、粉土、砂土以及对噪声或泥浆污染要求严格的场地。在无地下水的情况下，本方法可改为长螺旋钻孔灌注成桩。

（2）振动沉管灌注成桩，适用于黏性土、粉土以及素填土地基。桩尖采用钢筋混凝土预制桩尖或钢制活瓣桩尖。

3.12.2.2 材料和质量要求

（1）水泥：根据工程特点、所处环境以及设计、施工要求，应选用强度等级为P.O 32.5以上的水泥。施工前，必须对水泥按每验收批取一组试样进行复验，检验其初终凝时间、安定性和强度，作为施工控制和进行配合比设计的依据。必要时，应检验水泥其他性能。

（2）碎石：长螺旋钻孔管内泵压混合料灌注成桩，粒径宜选5～16mm。振动沉管灌注成桩，粒径宜选20～50mm，杂质含量小于5%。施工前，必须对碎石按每验收批取一组试样进行复验，检验其含泥量、泥块含量、针片状颗粒含量、压碎指标和碱活性。必要时，应检验碎石其他性能。

（3）石屑或砂：石屑粒径宜选2.5～10mm，砂宜优先选用中砂、粗砂，杂质含量小于5%。施工前，必须对石屑、砂按每验收批取一组试样进行复验，检验其含泥量、泥块含量和碱活性。必要时，应检验其他性能。

（4）粉煤灰：应选用Ⅲ级或Ⅲ级以上等级粉煤灰。施工前，必须对粉煤灰按每验收批取一组试样进行复验，检验其细度、烧失量、需水量比。必要时，应检验粉煤灰其他性能。

（5）褥垫层材料：宜用中砂、粗砂、碎石或级配砂石等，不宜选用卵石。最大粒径不宜大于30mm。

3.12.2.3 施工要点

（1）施工前应按设计要求由实验室进行配合比试验，施工时按配合比配制混合料。长螺旋钻孔管内泵压混合料成桩施工的混合料塌落度宜为200±20mm，振动沉管灌注成桩施工的混合料塌落度宜为30~50mm。振动沉管灌注成桩后，桩顶浮浆厚度小于200mm。

（2）桩位施放。根据桩位平面布置图及总包提供的测量基准点，由专职测量人员进行桩位施放工作。桩位施放结束并自检合格后，会同总包方、监理共同检验并签字认可。桩位定位点应明显且不易破坏。桩位施放允许偏差，群桩：20mm；单排桩：10mm。

（3）桩机就位，调整钻杆（沉管）与地面垂直，保证垂直度偏差不大于1.5%；桩位偏差符合表3.12.1.3的有关规定。控制钻孔或沉管入土深度，保证桩长偏差在+100mm范围内。

（4）长螺旋钻孔管内泵压混合料成桩施工在钻至设计深度后，应准确控制提拔钻杆时间，禁止先提钻再送料，遇饱和砂土或饱和粉土层，不得停泵待料。混合料泵送量应与提钻速度相配合。振动沉管灌注成桩施工拔管速度应按匀速控制在

1.20~1.5m/min 左右，如遇淤泥土或淤泥质土，拔管速度宜适当放慢。

（5）施工时，桩顶标高应高出设计标高，高出长度应根据桩距、布桩形式、现场地质条件和施打顺序等综合确定，一般不宜小于0.5m。

（6）成桩过程中，抽样做混合料试块，每台机械每台班应做一组（3块）试块（边长150mm立方体），标准养护，测定其立方体28d抗压强度。施工中应抽样检查混合料坍落度，每台机械每台班应不少于4次。

（7）冬期施工时，混合料入孔深度不得低于5℃，对桩头和桩间土应采取保温措施。

（8）清土和截桩时，不得造成桩顶标高以下桩身断裂和扰动桩间土。

（9）褥垫层厚度由设计确定。施工时，当褥垫层厚度大于200mm时，宜分层铺设，每层虚铺厚度 $H=h/\lambda$，其中 h 为褥垫层设计厚度；λ 为夯填度，一般取0.87~0.9。虚铺完成后宜采用静力压实至设计厚度，当基础底面下桩间土的含水量较小时，也可以采用动力夯实法。对较干的砂石材料，虚铺后可适当洒水再进行碾压或夯实。

3.12.3 水泥粉煤灰碎石桩复合地基检验

3.12.3.1 水泥粉煤灰碎石桩复合地基施工质量应满足设计要求和《建筑地基基础工程施工质量验收规范》（GB 50202—2002）中有关规定的要求。

3.12.3.2 施工中应检查桩身混合料的配合比、坍落度、成孔深度、提拔钻杆（桩管）速度、混合料灌入量等。

3.12.3.3 施工结束后，应对桩顶标高、桩位、桩体质量、地基承载力以及褥垫层的质量做检查。

3.12.3.4 水泥粉煤灰碎石桩复合地基，其承载力检验，数量为总桩数的0.5%~1%，但不应少于三处。有单桩强度检验要求时，数量为总桩数的0.5%~1%，但不应少于3根。表3.12.1.3中水泥粉煤灰碎石桩其他主控项目和一般项目抽查数量至少应达总数20%。

3.12.3.5 褥垫层夯填度检验数量，1000m^2以上工程，每100m^2至少应有1点；3000m^2以上工程，每300m^2至少应有1点；每一独立基础下至少应有1点；基槽每20延米应有1点；每单位工程不应少于3点。

3.12.4 水泥粉煤灰碎石桩复合地基施工注意事项

3.12.4.1 水泥粉煤灰碎石桩施工时，应合理安排打桩顺序，宜从一侧向另一侧或由中心向两边顺序施打，以避免桩机碾压已施工完成的桩，或使地面隆起，造成断桩。

当采用长螺旋成孔泵压混合料工艺成桩时，严禁边旋转边送料边提升钻杆，以免孔壁残土混入桩体。

3.12.4.2 水泥粉煤灰碎石桩施工完成后，待桩体达到一定强度后（一般为桩体设计强度的70%），方可进行开挖。开挖时，应优先采用人工开挖，也可采用小型机械和人工联合开挖，但应有专人指挥，保证小型机械不碰撞桩头，同时应避免扰动桩间土。

3.12.4.3 挖至设计标高后,应剔除多余的桩头。剔除桩头时,应在距设计标高20～30mm的同一平面按同一角度对称布置2个或3个钢钎,用大锤同时击打,将桩头截断。桩头截断后,用手锤、钢钎剔至设计标高并凿平桩顶表面。

3.12.4.4 桩头剔至设计标高以下,或发现浅部断桩时,应提出上部断桩桩体并采取补救措施,方法如图3.12.4.4所示,同时保护好桩间土不受扰动。

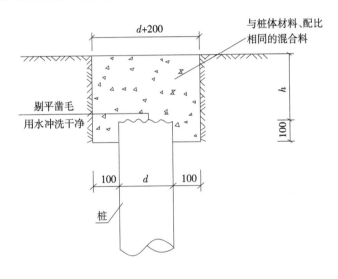

图3.12.4.4 接桩示意图

3.12.4.5 保护土层和桩头清除至设计标高后,应尽快进行褥垫层施工,避免桩间土长时间裸露或被扰动。

3.12.4.6 冬期施工时,保护土层和桩头清除至设计标高后,应立即对桩和桩间土采用保温材料进行覆盖,防止桩间土或桩体遭受冻害而导致复合地基承载力降低。雨期施工时，应制定现场排水措施，以避免积水长时间浸泡基底土层。

3.13 夯实水泥土桩复合地基

3.13.1 适用范围与验收标准要求

3.13.1.1 夯实水泥土桩复合地基是指利用机械或人工成孔，然后将土与一定比例的水泥均匀拌合分层夯入孔内而形成的桩、桩间土和褥垫层构成的复合地基。适用于处理地下水位以上的粉土、素填土、黏性土等地基。夯实水泥土桩常用的灰土体积比为1:5或1:6。处理深度不宜超过10m。

3.13.1.2 夯实水泥土桩复合地基的质量验收应符合设计要求和《建筑地基基础工程施工质量验收规范》（GB 50202—2002）的有关规定，其质量验收项目和质量验收标准列表于3.13.1.2。

夯实水泥土桩复合地基验收项目和质量检验标准

表 3.13.1.2

项目	序	检查项目	允许偏差或允许值		检查方法
			单位	数值	
主控项目	1	桩径	mm	−20	用钢尺量
	2	桩长	mm	+500	测桩孔深度
	3	桩体干密度	设计要求		现场取样检查
	4	地基承载力	设计要求		按规定方法

续表

项	序	检查项目	允许偏差或允许值		检查方法
			单位	数值	
一般项目	1	土料的有机质含量	%	≤5	焙烧法
	2	含水量（与最优含水量比）	%	±2	烘干法
	3	土料粒径	mm	≤20	筛分法
	4	水泥质量		设计要求	查产品质量合格证书或抽样送检
	5	桩位偏差		满堂布桩≤0.40D 条基布桩≤0.25D	用钢尺量，D为桩径
	6	桩孔垂直度	%	≤1.5	用经纬仪测桩管
	7	褥垫层夯填度		≤0.9	用钢尺量

注：1. 夯填度指夯实后的褥垫层厚度与虚铺厚度的比值。
2. 桩径允许偏差负值是指个别断面。

3.13.2 夯实水泥土桩复合地基施工技术

3.13.2.1 夯实水泥土桩复合地基的材料质量，应满足下列要求：

（1）夯实水泥土桩的土料宜采用有机质含量不大于5%的素土，严禁使用膨胀土、盐渍土等活动性较强的土。使用前应过筛，最大粒径不得大于20mm。

（2）水泥土料应按设计体积比要求拌和均匀，颜色一致。施工时使用的混合料含水量应接近最优含水量。最优含水量应通过击实试验确定，一般控制土的含水量为16%左右。施工现场检验的方法是用手将土或灰土紧握成团，轻捏即碎为宜。如果含水量过多或不足时，应晒干或洒水湿润。拌和后的混合料不宜超过2h使用。

（3）混合料中水泥的品种及掺和量应按设计要求及配合比实验确定。一般情况混合料设计强度不宜大于C5，混合料采用P.O 32.5水泥时强度较高，采用P.S 32.5水泥次之。

3.13.2.2 夯实水泥土桩复合地基施工技术，应符合下列要求：

（1）施工准备。应根据设计要求、现场土质、周围环境等情况选择适宜的成孔设备和夯实工艺。桩顶设计标高以上的预留土层厚度应为200~300mm。垫层施工时将多余桩头凿除，桩顶面应平整。

（2）夯实水泥土桩混合料的拌和。夯实水泥土桩混合料可采用人工或机械拌和。人工拌和不得少于3遍；机械拌和宜采用强制式搅拌机，搅拌时间不得少于60s。

（3）夯实水泥土桩施工，水泥土的铺设厚度应根据不同的施工方法按表3.13.2.2选用。夯击遍数应根据设计要求，通过现场干密度试验确定。

采用不同施工方法虚铺水泥土的厚度控制　　　表3.13.2.2

夯实机械	机具重量（t）	虚铺厚度（mm）	备注
石夯、木夯（人工）	0.04~0.08	20~25	人工，落距600mm
轻型夯实机	1~1.5	25~30	夯实机或孔内夯实机
沉管桩机		30	40~90kW振动锤
冲击钻机	0.6~3.2	30	

3.13.2.3 夯实水泥土桩施工完成后，应进行质量检测，

达到质量要求后方可进行下一工序的施工。

3.13.2.4 在夯实水泥土桩顶部应铺设100～300mm厚的褥垫层，垫层材料采用级配良好的中粗砂或碎石等，最大粒径不宜大于20mm。其压实度应不小于0.9。

3.13.3 夯实水泥土桩复合地基的检验

3.13.3.1 夯实水泥土桩复合地基施工质量应满足设计要求和《建筑地基基础工程施工质量验收规范》（GB 50202—2002）的有关规定的要求，其主要指标按表3.13.3.1选用。

水泥土的质量标准　　　　　　　表3.13.3.1

部　位	压实系数 λ_c	控制含水量（%）
夯实水泥土桩	≥0.93	人工夯实 w_{op} + (1～2) 机械夯实 w_{op} - (1～2)

3.13.3.2 夯实水泥土桩的现场质量检验，宜采用环刀取样，测定其干密度，水泥土的最小干密度要求列于表3.13.3.2。

现场水泥土的质量标准　　　　　表3.13.3.2

部　位	土的类别	最小干密度 ρ_d（t/m³）
夯实水泥土桩	细砂	1.75
	粉土	1.73
	粉质黏土	1.59
	黏土	1.49

当采用轻型动力触探 N_{10} 或其他手段检验夯实水泥土桩质量时，使用前应在现场作对比试验（与控制干密度对比）。

3.13.3.3 施工过程中质量检测的数量不应少于以下规定：

（1）抽样检验的数量：重要工程不少于总桩数的1%且不少于3根。其他方面的质量检测应按设计要求执行。

（2）经干密度试验或轻型动力触探 N_{10} 试验检测质量不合格的夯实水泥土桩，可开挖一定数量的桩体，检查外观尺寸，取样作无侧限抗压强度试验。如仍不符合要求，应与设计部门协商，进行补桩。

（3）夯实水泥土桩复合地基的承载力检验应按静载试验结果确定。

3.13.4 夯实水泥土桩复合地基施工时的注意事项

3.13.4.1 采用人工或机械洛阳铲成孔在达到设计深度后要进行孔底虚土的夯实，确保孔底虚土密实后再倒入混合料进行成桩施工。

3.13.4.2 雨期施工时，应采取防雨及排水措施，刚夯实完的水泥土，如受水浸泡，应将积水及松软的土挖除，再进行补夯；受浸泡的混合料不得使用。

3.13.4.3 采用不同设备进行夯实水泥土桩施工时应根据现场干密度实验及室内实验结果确定夯沉量、夯实遍数、虚铺厚度等施工参数。

3.13.4.4 夯实水泥土桩在冬期施工时，应对混合料采取有效的防冻措施，确保其不受冻害。

3.14 砂桩地基

3.14.1 适用范围与验收标准要求

3.14.1.1 砂桩地基是指使用振动冲击或锤击设备在软弱地基中成孔，将砂在孔中分层夯实形成的密实砂质桩体与地基土、砂石垫层共同构成的复合地基。砂桩地基适用于挤密松散的砂土、粉土、素填土和杂填土地基。可提高地基承载力，减小地基的压缩性，处理饱和粉土、砂土的液化问题。

3.14.1.2 砂桩地基的质量验收应符合设计要求和《建筑地基基础工程施工质量验收规范》（GB 50202—2002）的有关规定，其质量验收项目和质量验收标准列表于3.14.1.2。

砂桩地基验收项目和质量检验标准　　表3.14.1.2

项目	序	检查项目	允许偏差或允许值		检查方法
			单位	数值	
主控项目	1	灌砂量	%	≥95	实际用砂量与计算体积比
	2	地基承载力	设计要求		按规定方法
一般项目	1	砂料的含泥量	%	≤3	试验室测定
	2	砂料的有机质含量	%	≤5	焙烧法
	3	桩位	mm	≤50	用钢尺量
	4	桩顶标高	mm	±150	水准仪
	5	垂直度	%	≤1.5	用经纬仪测桩管

3.14.2 砂桩地基施工技术

3.14.2.1 砂桩地基的材料宜采用中、粗砂，在软土地基中施工宜采用砂砾混合料，砂料的黏粒含量不得大于3%，有机质含量不得大于5%。材料中不得含有大于5cm的碎（卵）石。

3.14.2.2 施工前应进行成孔挤密试验，确定施工工艺、填砂量、桩体密实度等。试验桩数不得少于7~9个，以便核对地层资料，检验施工机具及施工工艺的适宜性。发现问题及时通知设计单位调整设计或改进工艺。

3.14.2.3 砂桩的灌砂量应按设计要求进行，不得少于设计灌砂量95%，并认真做好纪录。估算填砂量可按设计桩理论体积乘以充盈系数 β 确定，β 可取1.2~1.4，土质较软时取大值。施工中应密切注意地面的下沉或隆起，随时调整施工顺序及填砂量。

3.14.2.4 砂桩的施工工艺主要有振动法和锤击法两种。振动法采用振动沉管式打桩机及尖锥型活瓣桩尖（砂性土地基）或平底型活瓣桩尖（黏性土地基）成孔后，灌入砂质材料并进行反插，利用振动和桩尖的挤密作用分段投料并振密形成桩体；锤击法多采用双管法，外管底端开口，内管底端封闭。施工时将内外管同时击入设计深度，拔出内管向外管内灌砂，然后放下内管至砂顶面，再拔起外管使内管外管底面齐平，锤击内管和外管将砂压密。重复上述步骤直到桩管拔出地面形成桩体。

3.14.2.5 砂桩的施工顺序。对于挤密为主的砂桩，应进行跳打，宜采用外侧向中间推进的施工顺序；对于黏性土地基为保证置换率，宜隔排施工，采用从中间到外围的施工顺序。

3.14.2.6 砂桩上部由于土层侧限约束力较小，桩顶部分不易密实，容易形成一个松散层。砂桩施工结束后应对该部分进行处理。处理方法有分层碾压、强夯或挖除，处理深度一般为 0.5~1.0m。

3.14.2.7 砂桩顶部须铺设 300~500mm 砂石垫层，夯填度不宜大于 0.9，以形成复合地基。

3.14.3 砂桩地基的检验

3.14.3.1 砂桩地基施工质量应满足设计要求和《建筑地基基础工程施工质量验收规范》（GB 50202—2002）的有关规定的要求。

砂桩的质量检测标准　　　表 3.14.3.1

部位	检测标准		试验位置	试验数量
砂桩	动力触探	符合设计要求	砂桩中心	不少于 0.5%~1.0% 的桩数，且不少于 3 根
	单桩载荷试验	符合设计要求		
桩间土	动力触探	符合设计要求	三角形或正方形的中心	大于 2% 的桩数
	标贯	符合设计要求		
	静力触探	符合设计要求		
可液化判别	实际标贯击数大于土层临界击数			

3.14.3.2 在施工期间及施工结束后，检查砂桩的施工纪录。对套管法及沉管法，尚应检查套管往复挤压振动次数与时

间、套管升降幅度和速度、每次填砂量及电流等项施工纪录。

3.14.3.3 砂桩质量检验的时间。砂桩施工结束后的质量检验时间应根据土性区别对待。对于饱和黏性土恢复期为28d,饱和粉土的恢复期为14～21d,饱和砂性土为7d;对非饱和土可适当缩短。

3.14.4 砂桩地基施工时的注意事项

3.14.4.1 施工前应根据加固土层性质、设计要求及现场试验结果选择合理的施工工艺。

3.14.4.2 对于重要的大型工程选定施工工艺后应进行实验区的施工,其实验结果满足设计要求后,应把该施工工艺的各项参数作为大面积施工质量控制的依据。如试验结果不能满足设计要求,应及时通知设计等相关人员进行设计或工艺的调整。

3.14.4.3 砂桩的处理范围应大于基底面积。处理宽度应在基础外边缘扩大1～3排桩。对于可液化地基,在基础边缘扩大宽度不应小于可液化深度的1/2,并不小于5m。

3.14.4.4 根据设计要求和加固意图选择合理的施工顺序。

3.15 柱锤冲扩桩地基

3.15.1 适用范围与验收标准

3.15.1.1 柱锤冲扩桩地基是利用直径300～500mm、长

2~6m 的圆柱形重锤冲击成孔，再向孔内添加填料（碎砖三合土、级配砂石、矿渣、灰土、水泥混合土等）并夯实制成桩体，与桩间土、褥垫层构成的复合地基。

3.15.1.2 柱锤冲扩桩适用于处理杂填土、粉土、黏性土、黄土和素填土等地基。对地下水位以下的粉土、饱和软土层须通过现场试验确定其适用性。

柱锤冲扩桩法地基处理深度不宜超过 6m，复合地基承载力特征值不宜超过 160kPa。

用柱锤冲扩桩法处理可液化地基，处理范围为基础外缘扩大的宽度不应小于基底下可液化土层厚度的 1/2。对于上部荷载较小的室内非承重墙及单层砖房可仅在基础范围内布桩，其余适当加大处理宽度。

3.15.1.3 柱锤冲扩桩地基的施工质量验收，应符合设计要求和《建筑地基基础工程施工质量验收规范》（GB 50202—2002）的有关规定。柱锤冲扩桩地基质量验收项目和检验标准列于表 3.15.1.3。

柱锤冲扩桩地基验收项目和质量检验标准　　表 3.15.1.3

项目	序	检查项目	允许偏差或允许值		检查方法
			单位	数值	
主控项目	1	原材料	设计要求		检查产品合格证书或抽样送检
		桩体密实度	密实		按规定方法
	2	桩径	mm	−20	用钢尺量
	3	地基承载力	设计要求		按规定方法

续表

项	序	检查项目	允许偏差或允许值		检查方法
			单位	数值	
一般项目	1	土料有机质含量	%	≤5	焙烧法
	2	填料粒径	mm	≤80	抽样检查
	3	桩位偏差	mm	≤0.5D	用钢尺量
	4	垂直度	%	≤1.5	经纬仪测桩管或锤球实测
	5	孔深	mm	±200	用钢尺量
	6	褥垫层夯填度		≤0.9	用钢尺量

注：1. 桩经允许偏差负值是指个别断面。
　　2. 夯填度指夯实后的褥垫层厚度与虚铺体厚度的比值。

3.15.2 柱锤冲扩桩地基施工技术

3.15.2.1 柱锤冲扩桩施工前应做好以下准备工作

（1）建筑物场地工程地质资料和必要的水文地质资料；建筑场地地下管线与地下障碍物等资料；柱锤冲扩桩地基施工图纸；柱锤冲扩桩地基工程的施工组织设计或施工方案；

（2）施工前应根据复合地基承载力的大小、设计桩长、原状土强度的高低与设计桩径等条件，选用柱锤；

（3）施工前根据柱锤冲扩桩施工方案，在施工现场进行试验，确定柱锤冲扩桩施工参数及工艺；

（4）清理平整施工场地，布置柱锤冲扩桩的桩位；

（5）设专用料场进行集中拌料，填料质量及配合比必须满足设计要求。

3.15.2.2 碎砖三合土、级配砂石、灰土、水泥混合土等填料的常用配合比见表3.15.2.2。

桩体填料常用配合比　　表 3.15.2.2

填料材料	碎砖三合土	级配砂石	灰土	水泥混合土
配合比	生石灰:碎砖:黏性土 1:2:4	石子:砂 1:0.6~0.9	石灰:土 1:3~4	水泥:土 1:7~9

3.15.2.3 柱锤冲扩桩的施工

（1）用柱锤起重设备将柱锤吊起，使柱锤中心对准桩位中心。

（2）根据土质情况可分别采用以下三种冲击成孔方式：

1）冲击成孔，将柱锤提升一定高度（一般 5~10m），使柱锤自动脱钩下落冲击土层，如此反复冲击，形成桩孔。在接近设计成孔深度时，可在孔内填入少量粗骨料进行冲击，当夯送的锤体瞬间沉入量很小时（一般每击下沉量不大于100mm），认为孔底已被夯密实。

2）填料冲击成孔，成孔时出现缩颈和坍孔时，可分次填入碎砖和生石灰块，边冲击边将填料挤入孔壁及孔底。当接近设计成孔深度时，按上述冲击成孔处理孔底方法将孔底夯密实。

3）二次复打成孔，当坍孔严重难以成孔时，可提锤反复冲击至设计孔深，然后分次填入碎砖和生石灰块（配合比一般为1:1），待孔内生石灰吸水膨胀、桩间土性质有所改善后，再按上述冲击成孔方法进行二次冲击复打成孔。

（3）桩体施工

1）用标准料斗或运料车将拌合好的填料分层填入桩孔中

并夯实；

2）夯锤的质量、锤长、落距、分层填料量、分层夯填度、夯击次数、总填料量等应根据施工前现场试验确定；

3）夯实后的桩体填料充盈系数不得小于1.5。填料充盈系数等于桩身实际填料量（虚方）与夯实后桩身体积之比；

4）每个桩孔应夯填至设计桩顶标高以上至少0.5m，其上部桩孔宜用原槽土夯封。

（4）施工机具移到下一个孔位，重复上述步骤进行下一根桩施工。

3.15.2.4 基槽开挖后，应进行晾槽拍底或碾压，随后进行褥垫层的施工，夯填度不大于0.9。

3.15.3 柱锤冲扩桩地基的检验

3.15.3.1 柱锤冲扩桩施工时，应随时检查施工中的各项记录，如发现地质条件发生变化、或有遗漏、或柱锤冲扩施工质量不符合规定要求，应进行补桩或采取其他有效的补救措施。

3.15.3.2 柱锤冲扩桩地基的施工质量应满足设计要求和《建筑地基基础工程施工质量验收规范》（GB 50202—2002）中有关规定的要求。

3.15.3.3 柱锤冲扩桩施工结束14d后进行检验。

3.15.3.4 桩间土应采用轻便触探检验，触探点按4~10m方格网布置，触探深度不小于1.8m。

3.15.3.5 柱锤冲扩桩密实度采用重型（Ⅱ）动力触探

检查，重型（Ⅱ）动力触探检测的数量为总桩数的2%，并且不少于6根。对于柱锤冲扩桩密实程度判别标准可参考当地勘察规范的有关规定。对于碎砖三合土也可参考表3.15.3.5。

碎砖三合土密实度与$\overline{N}_{63.5}$关系表　　表3.15.3.5

$\overline{N}_{63.5}$	6	8	10	12	14	16	18	20
密实程度	稍密	稍密	中密	中密	中密	密实	密实	密实

注：1. 碎砖三合土配合比为，生石灰:碎砖:土 = 1:2:4；
   2. $\overline{N}_{63.5} = \sum_{i=1}^{n} N_{63.5}/n$ 计算时应去掉10%极大值。当触探深度大于4m时，$N_{63.5}$应乘以0.9折减系数。

3.15.3.6 如果柱锤冲扩地基需要消除地基地震液化，应采用桩间土标准贯入试验进行判别。标准贯入试验的数量，按《岩土工程勘察规范》（GB 50021—2001）详细勘察要求的勘探点布置标准贯入试验孔。孔深应大于所处理的液化层深度。

3.15.3.7 桩体的有效直径检查，应将桩顶部挖开，检查柱锤冲扩桩的直径、桩位等。

3.15.3.8 桩体的垂直度，可以检查桩孔的垂直度，代替桩体的垂直度。在施工中经常测量桩孔的倾斜度。

3.15.3.9 根据《建筑地基处理技术规范》（JGJ 79—2002）柱锤夯扩桩地基竣工验收时，承载力检验应采用复合地基载荷试验。

3.15.3.10 载荷试验的数量为总桩数的0.5%，并且每个单位工程不少于3点。

3.15.3.11 经质量检验不符合设计或规范要求的柱锤冲扩地基，应进行补桩或采取其他有效的补救措施后，再进行跟踪质量检验。

3.15.4 柱锤冲扩桩地基施工应注意的事项

3.15.4.1 当试成桩孔时发现孔内积水较多且坍孔严重，宜采取措施降低地下水位。

3.15.4.2 柱锤冲扩桩施工时，如果出现缩颈和坍孔，采取分次填碎砖和生石灰，边冲击边将填料挤入孔壁及孔底。此时，柱锤的落距应适当降低，冲孔速度也应适当放慢，使碎砖和生石灰与孔内松软土层强行拌合，生石灰吸水膨胀，改善孔壁土的性质。

3.15.4.3 当采用填料冲击成孔或二次复打成孔仍难以成孔时，也可以采用套管跟进成孔，即用柱锤边成孔边将套管压入土中，直至桩底设计标高。

3.15.4.4 成桩顺序依土质情况决定。当地基土为新近沉积土或比较松软，经柱锤冲扩桩后地面不隆起时，采用自外向内成桩；当地基土为稍密，经柱锤冲扩桩后地面有轻微隆起时，采用自内向外成桩；当地基土为中密，经柱锤冲扩桩后地面隆起严重时，采用先用长螺旋钻引孔，再施工柱锤夯扩桩。

3.15.4.5 补桩成孔可在原桩位，也可在桩间进行。

3.15.4.6 柱锤夯扩桩施工质量关键在桩体密实度，即分层填料量、分层夯实厚度及总填料量的控制。施工时应随时计算每分层夯实厚度的充盈系数 K 是否大于 1.5（或设计要求），如果密实度达不到设计要求，应空夯夯实。

3.15.4.7 当柱锤夯扩桩夯实桩体施工至设计桩顶标高以上时，为了防止倒锤，余下桩体的夯实可改用平锤夯封。

3.15.4.8 柱锤夯扩桩成桩是由下向上夯实加固，即由地下向地表逐步进行夯实加固。由于地表地基土侧限约束减少以及桩间土隆起，会造成桩头松散和槽底土松动。为保证地基处理效果，对低于基底标高的松散桩头和松软基底土应挖除，换填碎砖三合土或碎石垫层，也可以采用压实处理。

4 桩基础

4.1 静力压桩

4.1.1 适用范围与验收标准要求

4.1.1.1 静力压桩系指用静压力将成品桩贯入地基中既定深度的沉桩工艺。成品桩多为工厂预制的普通（或预应力）钢筋混凝土桩和由各种型钢制成的钢桩。

静力压桩具有噪声小、无振动、造价低、信息施工等特点，适用于高压缩性的软弱地基。当桩需要贯穿厚度大于2m中密以上砂土或坚硬黏性土层时，一般不宜采用。否则应采取行之有效的辅助措施。

4.1.1.2 静力压桩质量检验标准应符合设计要求和《建筑地基基础工程施工质量验收规范》（GB 50202—2002）的有关规定，其质量验收项目质量检验标准列于表4.1.1.2。

4.1.2 静力压桩施工技术

4.1.2.1 成品桩的制作、养护、吊装运输和堆放同普通混凝土预制桩、预应力管桩、钢桩（包括钢管桩）。压桩施工前应逐一检验其合格证和相应资料。

静力压桩验收项目和质量检验标准　　表 4.1.1.2

项	序	检查项目		允许偏差或允许值		检查方法
				单位	数值	
主控项目	1	桩体质量检验		按《建筑基桩检测技术规范》		按《建筑基桩检测技术规范》
	2	桩位偏差		见本指南表 4.3.3.2		用钢尺量
	3	承载力		按《建筑基桩检测技术规范》		按《建筑基桩检测技术规范》
一般项目	1	成品桩质量：外观 外形尺寸 强度		表面凭证，颜色均匀，掉角深度<10mm，蜂窝面积小于总面积0.5% 见表 4.3.1.2 和表 4.4.1.1 满足设计要求		直观 见表 4.3.1.2 和表 4.4.1.1 查产品合格证书或钻芯试压
	2	硫磺胶泥质量(半成品)		设计要求		查产品合格证书或抽样送检
	3	接桩	电焊接桩：焊缝质量	见钢桩电焊接桩		见钢桩电焊接桩
			电焊结束后停歇时间	min	>1.0	秒表测定
			硫磺胶泥接桩：胶泥浇注时间	min	<2	秒表测定
			浇注后停歇时间	min	>7	秒表测定

4.1.2.2 压桩施工前应备有工程地质资料，桩基设计图纸和施工组织设计或施工方案。场地应达到三通一平并排除地下、地上障碍物等作业条件。并至少有 2 根试压桩，以检验施工设备和工艺是否符合要求，并据此为压桩施工和调整设计参数提供依据。

4.1.2.3 桩基施工的定位轴线应从经过验证的基准线引

出,同时在不受施工干扰的区域至少引设2个水准基点,据此施放桩位和检测桩顶高程。施工过程中应定期(每10天一次)检查轴线定位标志和水准基点的状况并记录。

4.1.2.4 成品桩在起吊装入压桩机前应在桩的正交两个侧面设置标志。以检测沉桩过程中桩的入土深度和垂直度。

4.1.2.5 静力压桩施工应符合下列规定:

(1)静力压桩力应根据拟建场地的工程地质条件、单桩极限承载力、桩的形式和尺寸以及布桩的密集程度等因素,通过对原位测试的标准贯入或静力触探资料分析评估,选配好适宜的压桩设备和施工工艺以及额定配重,其值(不含压桩机大、小履的重量)不宜小于单桩极限承载力的1.2倍;

(2)桩尖插入土中时的垂直度偏差不得超过0.5%;

(3)桩帽、桩身和送桩器的中心线应重合;

(4)当桩身由多节桩组成时,电焊、法兰或硫磺胶泥接桩的质量和检验要求同本指南4.3.2.9条中的有关规定;

(5)静力压桩沉桩过程中不得任意调整和校正桩的垂直度,以避免对桩身产生过大的次生弯矩。同一根桩各工序应连续进行,特别是桩尖穿越较硬土层或进入持力层时,不得停止沉桩施工。

4.1.2.6 遇有下列情况应暂停压桩,并及时与有关人员研究处理:

(1)初压时,桩身发生较大幅度移位、倾斜或沉桩过程中桩身突然下沉或倾斜;

(2)桩顶混凝土破损或压桩阻力剧变;

(3) 桩的贯入度极小，压桩架被抬起。

4.1.2.7 静力压桩同属于挤土成桩的范畴，为减小沉桩过程中的挤土效应对已沉桩和邻近建筑物、地下管线的不利影响，应综合考虑工程地质条件、桩的形式和尺寸以及布桩的密集状况，采用合理的沉桩施工顺序和消除或降低超孔隙水压力以及限制沉桩数值等措施与锤击沉桩相同。

4.1.2.8 静力压桩的沉桩停压标准，应按桩尖标高、压桩力和贯入度相结合的原则通过现场压桩试验确定。当无试验资料时，可综合工程地质条件和设计要求依照下述原则确定：

（1）桩尖进入坚硬、硬塑黏性土、中密以上粉土、砂土、碎石土、风化岩等持力层时，以压力值为主要控制指标，桩尖标高在征得设计同意后，可作为辅助控制指标；

（2）静力压桩桩尖已进入持力层，达到综合确定的压桩力要求但未至设计标高时，应保持稳压 1~2min，稳压下沉量宜控制在 2min 内不超过 1mm。

4.1.2.9 当压桩力和桩尖控制标高已符合要求，并对照检查有关施工资料和记录无疑表明该桩已施工完成时，方可移开压桩机。

4.1.3 静力压桩的检验

4.1.3.1 静力压桩的质量检验从成品桩制作所用原材料、桩体的制作、养护、吊装运输到静压沉桩各道工序的质量应符合设计要求和《建筑地基基础工程施工质量验收规范》(GB 50202—2002)以及其他相关现行技术标准中的有关规定。检查和验收时应具备下列资料：

（1）桩的结构图和桩基平面布置图；

（2）原材料的出厂合格证及复试资料和检验记录；

（3）对于混凝土预制桩或预应力混凝土管桩应有钢筋骨架、预埋件等检验记录，混凝土试块强度报告，桩的养护方法和记录以及预应力混凝土管桩预应力筋的张拉记录等资料；

（4）成品桩出厂合格证和桩体完整性检验记录；

（5）静力压桩的沉桩施工记录；

（6）桩的承载力和桩身完整性现场检测报告。

4.1.3.2 静力压桩施工质量检查和验收除按设计要求进行外，应做到：

（1）当桩顶设计标高与施工场地标高基本相同或桩基施工结束后有可能对桩位偏差进行检查时，验收可在施工完成后进行；

（2）当桩顶设计标高低于现场施工标高较多、送桩后难以对桩位偏差进行检查，可在桩顶沉至现场施工标高时，对每根桩进行中间验收，待全部桩施工结束，基坑挖至设计标高后，再做最终验收。桩位允许偏差标准见表4.3.3.2。

4.1.3.3 普通钢筋混凝土预制桩、预应力混凝土管桩和钢桩等成品桩的质量检验标准应符合表4.3.1.2、表4.2.1.2和表4.4.1.1（成品钢桩质量检验标准）中的有关规定。

4.1.3.4 沉桩过程中对桩的垂直度、压桩力和沉桩深度、接桩质量、桩顶完整状况以及压桩设备状况应及时进行检查和记录。对电焊接桩的重要工程应抽检10%桩接头的焊缝做探伤检查。

4.1.3.5 沉桩结束并达到规定间歇时间后，按设计要求和国家现行技术标准中的有关规定，对桩的承载力和桩身完整性进行检测。

4.1.4 静力压桩施工应注意的事项

4.1.4.1 成品桩的制作质量除符合设计要求和现行技术标准规定外，其单节长度应结合工程地质条件、压桩设备的有效高度和地基土质分层状况合理确定。应避开在桩尖位于较厚坚硬黏性土、砂层中接桩。

4.1.4.2 压桩工艺和设备应根据场地条件、地基土的性状、桩的形式和尺寸、单桩极限承载力以及沉桩所需的压桩力等因素选择。大面积桩基多用压桩机施工；锚杆（桩）压桩和靠上部结构自重作反力的压桩施工一般用于少量补桩或既有建（构）筑物的托换加固。目前国内压桩机的静压力一般为800~2500kN，用于软弱地基中直径d=400~450mm、桩长为30~35m的桩基施工；大型压桩设备的静压力可达3500~6000kN，可用于软土地基中直径d=450~500mm、桩长为40mm左右的桩基施工。

4.1.4.3 压桩入土过程中，压桩力要克服桩贯入时桩周产生的侧阻和桩尖处的端阻。随着入土深度的增加，侧阻和端阻的大小和比例是变化的。在土质较均匀的软土中，当桩的入土深度增加到某一定值后，沉桩阻力将趋于定值。当桩尖穿透某硬土层进入软土层时，沉桩阻力将随桩入土深度的增加而减小。依据原位测试的标准贯入和静力触探资料确定桩的承载力和静压桩的压桩力时，要注意桩尖处上下各2.5倍桩径范围内土体的综合强度以及土层厚度和排列顺序。因此，在确定压桩力时要仔细分析桩尖所处位置以及其上下土层的组合状况。

4.1.4.4 压桩过程中，应随时注意使桩保持处于轴心受压状态。接桩时使上、下节桩的轴线一致。如采用电焊法接桩应同时对称施焊并用钢片填充桩端处的缝隙，以防止节点变形不均而引起桩身歪斜。

4.1.4.5 当桩尖遇到硬土层或砂层而沉桩阻力突然增大甚至超过压桩机的静压能力导致桩机上抬时，可采用忽停忽压的冲击施压法，使桩缓慢下沉直至穿透硬土层。此时如压桩机发生较大倾斜应立即停压并采取相应措施以防造成断桩或安全事故。

4.1.4.6 当桩下沉至接近设计标高时，不可停压。否则再补压时难以下沉至所要求标高。

4.1.4.7 当采用振动器辅助沉桩以弥补压桩设备的静力不足时，应注意控制振动器的使用并随时检查设备的完好状况。

4.1.4.8 压桩入土过程中，地基土会受到扰动而重塑。压桩阻力既不同于静态阻力也不同于锤击贯入时的动态阻力。因此，当桩沉入设计标高时的压桩力并不等于桩的极限承载力或承载力特征值。对于重要工程单桩承载力应通过达到规定停歇期后的现场静载荷试验确定。一般工程也可根据当地经验通过工程资料类比，综合考虑工程地质条件和桩的形式、尺寸和桩尖土层性质等因素，也可用压桩力来确定桩的承载力。

4.1.4.9 静力压桩冬期施工应符合《建筑工程冬期施工规程》（JGJ 104—1997）中的有关规定。

4.2 先张法预应力管桩

4.2.1 适用范围与验收标准要求

4.2.1.1 先张法预应力管桩是采用先张法工艺制作的钢筋混凝土预制桩。与普通混凝土预制桩相比具有强度高、抗裂性能好、造价低等优点。常用品种有预应力高强混凝土管桩（代号 PHC），桩外径 300~1000mm；预应力混凝土管桩（代号 PC），桩外径 300~600mm；预应力混凝土薄壁管桩（代号 PTC），桩外径 300~550mm。

先张法预应力管桩作为锤击法和静压法沉桩的成品桩适用于承受竖向荷载的低承台的软土和素填土、一般黏性土、粉土和黄土等中软地基中的桩基础。不适于穿越厚度大于 2m 的中密以上的砂土、碎石土和坚硬状态的黏性土。

4.2.1.2 先张法预应力管桩的施工质量和验收应符合设计要求和《建筑地基基础工程施工质量验收规范》（GB 50202—2002）中的有关规定，其质量验收项目和质量检验标准列于表 4.2.1.2。

先张法预应力管桩验收项目质量检验标准　　表 4.2.1.2

项	序	检查项目	允许偏差或允许值		检查方法
			单位	数值	
主控项目	1	桩体质量检验	按《建筑基桩检测技术规范》		按《建筑基桩检测技术规范》
	2	桩位偏差	见表 4.3.3.2		用钢尺量
	3	承载力	按《建筑基桩检测技术规范》		按《建筑基桩检测技术规范》
一般项目	1 成品桩质量	外观	无蜂窝、露筋、裂缝、色感均匀、桩顶处无孔隙		直观
		桩径	mm	±5	用钢尺量
		管壁厚度	mm	±5	用钢尺量
		桩尖中心线	mm	<2	用钢尺量
		顶面平整度	mm	10	用水平尺量
		桩体弯曲		<(1/1000)l	用钢尺量,l 为桩长
	2	接桩：焊缝质量	见钢桩电焊接桩		见钢桩电焊接桩
		电焊结束后停歇时间	min	>1.0	秒表测定
		上下节平面偏差	mm	<10	用钢尺量
		节点弯曲矢高		<(1/1000)l	用钢尺量,l 为两节桩长
	3	停锤标准	设计要求		现场实测或查沉桩记录
	4	桩顶标高	mm	±50	水准仪

4.2.2 先张法预应力管桩施工技术

4.2.2.1 成品桩类型和规格应根据工程地质条件、荷载大小和性质、施工条件、沉桩工艺和设备等因素选用。

4.2.2.2 预应力管桩的混凝土和预应力钢棒的强度较高，又在工厂用离心法制作，其主要原材料的质量要求如下：

（1）细骨料宜采用天然硬质中粗砂，细度模数为 2.3～

3.4；粗骨料应采用碎石，PHC、PC桩最大粒径不宜大于25mm，PTC桩不宜大于20mm；

（2）管桩的纵向筋采用预应力钢棒（SBPDL1275/1420）；螺旋箍筋宜采用冷拔低碳钢丝、低碳热轧盘条；

（3）管桩的端板和桩套箍采用Q235；

（4）水泥的强度等级应不小于32.5级；

（5）管桩的壁厚较小，混凝土拌制时严禁使用氯盐类外加剂。必要时应根据环境和地质状况控制混凝土的碱含量。

4.2.2.3 管桩的混凝土必须达到设计强度及龄期（常压养护为28d，压蒸养护为1d）后方可沉桩。

4.2.2.4 根据场地的工程地质条件、桩基布桩的密集程度、承载力要求以及施工状况，管桩的桩尖（桩靴）可选用闭口或开口型。一般情况下开口型桩尖沉桩较顺利且能减少部分挤土效应。

4.2.2.5 当采用锤击法沉桩施工时，常采用柴油锤和液压锤，不宜采用自由落锤。锤击沉桩单桩锤击数不宜超过表4.2.2.5中的规定数值。

单根管桩锤击数的限定值　　表4.2.2.5

桩型	总锤数	最后1m的锤击数
PHC	2500	300
PC	2000	250
PTC	1500	200

4.2.2.6 当采用静力压桩沉桩时，宜采用液压压桩设备。用顶压法施工应在桩帽或送桩器与桩顶之间加设弹性衬垫；用抱压法施工夹持机构的夹具应避开桩身两侧的合缝位置。PTC型桩不宜采用抱压法沉桩。

4.2.2.7 沉桩施工时，第一节管桩插入地面时垂直度不得超过0.5%；桩锤、桩帽或送桩器应与桩身在同一中心线上。沉桩过程中应经常观测桩身垂直度，若垂直度偏差超过1%，应找出原因并及时采取措施纠正。当桩尖进入较硬土层后，严禁用移动桩架等强行回扳的方法纠偏，以防桩身开裂或破坏。

4.2.2.8 桩帽或送桩应与桩管匹配并呈圆筒形，要有足够的强度、刚度和耐打性。桩帽或送桩器的下端面应开孔径不小于1/5~1/3管桩内径的圆孔，使管桩内腔与外连通，以防锤击过程中在管桩内腔产生过大的气（水）压力而导致桩身产生竖向裂缝或破坏。

4.2.2.9 沉桩应一次性打（压）到底，接桩、送桩要连续进行，尽量减少中间停歇时间。

4.2.2.10 沉桩施工不宜在桩尖处于较硬土层时接桩，接桩宜采用端板焊接或机械快速接头方式。接头强度应不小于管桩的桩身强度。

4.2.2.11 沉桩过程中，若出现贯入度反常、桩身倾斜或位移、桩身或桩顶破损等异常情况应停止沉桩，待查明原因并进行有效处理后方可继续施工。

4.2.2.12 管桩的沉桩顺序和消除或减少挤土效应所采取

的措施以及停止沉桩的控制标准同混凝土预制桩和静力压桩。

4.2.3 先张法预应力管桩的检验

4.2.3.1 先张法预应力管桩成品桩验收时应提交产品合格证。成品桩的原材料、制作、吊装运输和沉桩各道工序的质量应根据设计图纸或标准图集 03SG409 和《建筑地基基础施工质量验收规范》（GB 50202—2002）以及其他相关现行技术标准中的有关规定检查验收。

4.2.3.2 验收时应具备下列资料：

（1）桩的结构图和桩基平面布置图；

（2）桩身原材料的出厂合格证及复试资料和检查记录；

（3）钢筋骨架（包括预应力钢棒规格和预应力张拉控制标准）和混凝土强度以及预埋件的检查记录；

（4）成品桩的养护方法和龄期资料；

（5）成品桩桩身完整性检查记录；

（6）沉桩施工记录；

（7）桩的承载力和桩身完整性现场检测报告。

4.2.3.3 先张法预应力管桩钢筋骨架的质量标准应符合表 4.3.3.3 中的有关规定。

4.2.3.4 沉桩前应检查进入现场的成品管桩、接桩用焊条等产品的质量。沉桩施工中应检查桩的贯入情况、桩顶完整状况、桩身的垂直度、接桩质量。重要工程当采用电焊端板接桩时应抽取 10% 的电焊接头做探伤检查。

4.2.3.5 管桩施工质量检查和验收除按设计要求进行外，

应做到：

（1）当桩顶设计标高与施工场地标高基本相同或桩基施工结束后有可能对桩位偏差进行检查时，验收可在施工完成后进行；

（2）当桩顶设计标高低于现场施工标高较多，送桩后难以对桩位偏差进行检查，可在桩顶沉至现场施工标高时，对每根桩进行中间验收，待全部桩施工结束基坑挖至设计标高后，再做最终验收。桩位允许偏差标准见表4.3.3.2。

4.2.3.6 沉桩结束并达到规定间歇时间后，按设计和国家现行技术标准要求对桩的承载力和桩身完整性进检测。

4.2.4 先张法预应力管桩施工应注意的事项

4.2.4.1 按照建筑标准图集03SG409选用预应力混凝土管桩仅适用于承受竖向荷载低承台的桩基。当桩承受水平荷载时，或用作受拉（抗拔）桩、锚桩时应经验算合格后方可使用。

4.2.4.2 上述图集中的PHC桩、PC桩适用于抗震设防烈度6度、7度地区；PTC桩适用于抗震设防烈度6度地区。当在高于上述抗震设防烈度地区使用时，则需另行验算。

4.2.4.3 当地质条件和基础环境对管桩有侵蚀性或管桩壁厚小于80mm时，应根据使用条件按有关技术标准采取有效的防腐蚀措施。

4.2.4.4 当管桩用于摩擦桩时，桩的长径比不宜大于100；用作端承桩时，桩的长径比不宜大于80。

4.2.4.5 采用自然养护生产的管桩,如采取有效措施且有试验数据表明混凝土的抗压及抗拉强度均能达到标养28d龄期的强度时,成品桩的使用可不受本指南4.3.2.3条中强度和龄期双控的限制。但采用锤击沉桩施工时,管桩的混凝土养护龄期不得少于14d。

4.2.4.6 沉桩后当桩顶标高高于设计标高需要截桩时,应采取有效措施确保管桩的质量。截桩宜用锯桩器,严禁用大锤横向敲击截桩或扳拉截桩。

4.2.4.7 管桩桩顶与承台或基础梁的连接应采取在管桩上端管内植筋的方法。植筋的规格应符合标准图集03SG409中截桩(不截桩)桩顶与承台连接详图中的规定。浇灌填芯混凝土、植筋和承台或基础梁的施工可一次完成。填芯混凝土的强度等级应与承台或基础梁相同,填芯高度按设计要求确定。

4.2.4.8 冬期负温下施工的管桩应符合《建筑工程冬期施工规程》(JGJ 104—1997)中的有关规定,根据地基土冻结后性能指标采取相应的措施。成品桩宜选用有效预应力值较大且采用压蒸养护工艺生产的PHC管桩。

4.2.4.9 管桩工程的基坑开挖应注意下列事项:

(1)严禁边沉桩施工边开挖基坑;

(2)软土地区的基坑开挖宜在沉桩施工全部完成15d后进行;

(3)软土地区基坑开挖宜均匀对称进行,桩周土体高差不宜大于1m。

4.2.4.10 管桩桩身制作、养护、吊装运输和单桩节数、节长的选择以及沉桩施工和接桩等注意事项同混凝土预制桩和静力压桩。

4.3 混凝土预制桩

4.3.1 适用范围与验收标准要求

4.3.1.1 混凝土预制桩系指由锤击贯入地基中的普通钢筋混凝土桩。桩的断面一般为方形，也有管形和外方内圆的空心形。

打入式预制桩适用于一般黏性土、粉土、软土和素填土，不适于穿越厚度较大中密以上的砂土、坚硬的黏性土或卵石层。对于振动和噪声有严格要求的区域应慎用。

4.3.1.2 混凝土预制桩的施工质量验收应符合设计要求和《建筑地基基础工程施工质量验收规范》（GB 50202—2002）的有关规定。其质量验收项目和质量检验标准列于表4.3.1.2。

混凝土预制桩验收项目和质量检验标准　表4.3.1.2

项	序	检查项目	允许偏差或允许值		检查方法
			单位	数值	
主控项目	1	桩体质量检验	按《建筑基桩检测技术规范》		按《建筑基桩检测技术规范》
	2	桩位偏差	见表4.3.3.2		用钢尺量
	3	承载力	按《建筑基桩检测技术规范》		按《建筑基桩检测技术规范》

续表

项	序	检查项目	允许偏差或允许值		检查方法
			单位	数值	
一般项目	1	砂、石、水泥、钢材等原材料（现场预制时）	符合设计要求		查出厂质保文件或抽样送检
	2	混凝土配合比及强度（现场预制时）	符合设计要求		检查称量及检查试块记录
	3	成品桩外形	表面平整，颜色均匀，掉角深度<10mm，蜂窝面积小于总面积的0.5%		直观
	4	成品桩裂缝（收缩裂缝或起吊、运输、堆放引起的裂缝）	深度<20mm，宽度<0.25mm，横向裂缝不超过边长的一半		裂缝测定仪，该项在地下水有浸蚀地区及锤击数超过500击的长桩不适用
一般项目	5	成品桩尺寸： 横截面边长 桩顶对角线差 桩尖中心线 桩身弯曲矢高 桩顶平整度	mm mm mm mm mm	±5 <10 <10 <(1/1000)L <2	用钢尺量 用钢尺量 用钢尺量 用钢尺量，L为桩长 用水平尺量
	6	点焊接桩：焊缝质量 电焊结束后停歇时间 上下节平面偏差 节点弯曲矢高	 min mm 	见钢桩电焊接桩 >1.0 <10 <(1/1000)l	见钢桩电焊接桩 秒表测定 用钢尺量 用钢尺量，l为两节桩长
	7	硫磺胶泥接桩： 胶泥接桩时间 浇注后停歇时间	min min	<2 >7	秒表测定 秒表测定
	8	桩顶标高	mm	±50	水准仪
	9	停锤标准	设计要求		现场实测或查沉桩记录

4.3.2 预制桩的施工技术

4.3.2.1 普通钢筋混凝土预制桩的桩身无论是在工厂还是在现场制作，对所需的材料如砂、石、水泥和钢筋、焊条以及外加剂、掺合料等均应符合设计和现行技术标准的要求。桩身混凝土的强度等级应不小于C30。粗骨料应选用强度高、级配好的碎石，细骨料宜选用中粗砂。水泥的强度等级应不低于32.5级，根据工程特点和环境条件选用普通硅酸盐水泥和矿渣水泥或火山灰水泥。水泥用量每立方米混凝土应不少于300kg。

钢筋骨架的纵向钢筋和箍筋应扎牢，连接位置不应偏斜。纵向钢筋接头应采用焊接，在桩顶和桩尖各2m范围内纵向钢筋不得有接头。箍筋宜优先采用螺旋形，当采用单肢箍筋时，箍筋末端应做成135°弯钩，弯钩端头平直段长度不应小于箍筋直径的10倍，桩两端的加密箍筋均应采用点焊焊成封闭箍。

4.3.2.2 用重叠法制桩时，应遵守下列规定：

（1）制作场地必须坚实平稳，满足地基承载力要求，地基不均匀变形应控制在桩身尺寸偏差允许的限值内。

（2）模板应平整牢靠且有足够的强度、刚度和稳定性。侧模应优先采用钢模。模板宜采用尺寸准确、表面光滑、构造简单、易于装卸的装配式模板。接缝处应严密不漏浆。

（3）横向相邻桩的接触面不得粘结，以防拆模时损坏桩的棱角。上层或邻桩浇注混凝土时，必须在下层或邻桩的强度达到设计值的30%以上时进行。桩的上下重叠数一般不宜超过4层。

(4) 混凝土的浇注应按从桩顶至桩尖的顺序连续进行、严禁中断。

(5) 根据不同的环境条件和要求，可采用自然或高压高温蒸汽对桩体进行养护。自然养护混凝土应在浇注后12h内在其表面进行覆盖和浇水开始养护，直到达到标养强度的60%为止。

4.3.2.3 桩身混凝土强度达到设计值的70%时方可起吊；达到100%时才能运输。用于锤击贯入的预制桩其强度符合设计要求且期龄达到28d方可进行打桩。

4.3.2.4 打桩前应备有工程地质资料、桩基设计图纸和桩基施工组织设计或施工方案。场地应达到三通一平和排除高空及地下障碍物等作业条件。正式施工前至少应试打2根试桩，以检验设备和工艺是否符合要求，并由此确定沉桩的贯入度。

4.3.2.5 桩基的定位轴线应从基准线引出。同时在不受打桩影响的区域至少设置2个水准点，据此施放桩位和检测桩顶高程。打桩过程中对桩基轴线的控制标志每10天检查一次，当发现标志移动时，应及时纠正并做好记录。

桩位定位的允许偏差，对于群桩不大于20mm，单排桩不大于10mm。

4.3.2.6 桩起吊前，应在桩的正交两个侧面设置标志，以便在沉桩过程中对其入土深度和垂直度进行观测和记录。

4.3.2.7 沉桩时应符合下列规定：

(1) 桩帽或送桩帽与桩四周的间隙应为5~10mm；

（2）桩锤与桩帽、桩帽与桩之间应设置适宜的弹性衬垫；

（3）桩锤、桩帽与桩身应在同一中心线上；

（4）桩尖在插入土中时垂直度偏差不得超过0.5％；

（5）锤击时不得有偏心。开始锤击时落距应小，待入土一定深度且桩身稳定后方可将落距提高到规定的高度施打。

4.3.2.8 沉桩顺序应根据下列情况确定：

（1）当为密集群桩时，自中间向四周或自中间向两个方向对称或由一侧向单一方向进行；

（2）当基础的埋置深度不同时，宜先深后浅；

（3）根据桩的规格，宜先大后小，先长后短；

（4）当群桩临近既有建筑物时，应从近处向远处进行。

4.3.2.9 当单桩需要多根连接时，上下节的轴线应重合，偏差不得大于10mm，接点处的弯折矢高不得大于1‰桩长，接桩方法按设计要求采用，一般有下列三种：

（1）焊接接桩，适用于各类土层。连接钢板宜采用低碳钢，如Q235B，焊条采用E43××型。焊接时预埋件表面应清理干净，上下节桩桩顶平整度必须小于2mm。其缝隙用楔形钢片填实焊牢。焊接质量应符合《钢结构工程施工质量验收规范》（GB 50205—2001）中三级焊缝的要求。焊接完成后，焊缝应在自然条件下冷却1min后方可继续沉桩。

（2）法兰接桩（亦称机械式接桩），适用于各类土层。宜采用低碳钢钢板与螺栓。接桩时上下节桩中心应对齐，其间用石棉板衬垫。拧紧螺帽并锤击数次后再拧紧一次，然后将螺帽焊牢。

(3) 硫磺胶泥接桩，适用于软弱土层。接桩前应将下节桩的锚孔清洗干净，达到无水、无杂质和油污；上节桩的锚筋调直并清洗干净。锚孔和锚筋规格和数量应符合设计要求。接桩时硫磺胶泥的浇注温度宜控制在 140～145℃ 之间。胶泥的浇注时间一般不超过 2min，浇注后停歇时间应大于 7min。硫磺胶泥的配合比应由试验确定。一般可按硫磺:水泥:砂:聚硫橡胶 =44:11:44:1 进行试配。使用的胶泥应每台班至少留一组（3块）试块，以检测其强度。

4.3.2.10 当桩顶设计标高低于场地施工标高时需要送桩，此时应使送桩器、桩锤和被送桩三者轴线重合。送桩完成后应将桩孔及时回填。

4.3.2.11 沉桩过程中遇有下列情况时，应暂停施工并及时与有关人员研究处理：

(1) 贯入度急剧增大；

(2) 桩身突然发生倾斜、位移或贯入度极小或桩锤、桩身回弹；

(3) 桩顶或桩身出现严重裂缝、破坏。

4.3.2.12 当桩的打入深度和贯入度已达到设计要求，并对比有关资料和施工记录检查无疑，表明该桩施打完成时，方可移开打桩机。

4.3.3 混凝土预制桩的检验

4.3.3.1 混凝土预制桩，从原材料选用、桩体的制作、吊装运输到打桩等各道工序的质量应符合设计和《建筑地基基础工程施工质量验收规范》（GB 50202—2002）以及其他相关现行技术标准中有关规定的要求。检查和验收时，应具备完整的下列资料：

（1）桩的结构图和桩位平面布置图；

（2）原材料的出厂合格证及复试资料和检验记录；

（3）钢筋骨架及其预埋件的检查和隐蔽验收记录；

（4）混凝土试块强度报告；

（5）桩的养护方法和记录；

（6）桩身完整状况的检查记录；

（7）沉桩施工记录；

（8）桩的承载力和桩体完整性现场检测报告。

4.3.3.2 混凝土预制桩施工质量除按设计要求进行检查和验收外，应做到：

（1）当桩顶设计标高与施工场地标高基本相同或桩基施工结束后有可能对桩位偏差进行检查时，验收可在施工完成后进行；

（2）当桩顶设计标高低于现场施工标高较多，送桩后难以对桩位偏差进行检查，可在桩顶沉至现场施工标高时，对每根桩进行中间验收，待全部桩施工结束基坑挖至设计标高后，再做最终验收。桩位允许偏差标准见表4.3.3.2。

4.3.3.3 当采用工厂生产的成品桩时，待桩运至施工现场后应对桩体进行外观和尺寸的检查并记录；当桩在现场预制时，施工前除对桩的外观和尺寸进行检查外，尚应对所用原材料、钢筋骨架和混凝土强度进行检查记录。钢筋骨架制作质量标准见表4.3.3.3。

预制桩的桩位允许偏差（mm） 表4.3.3.2

项	项 目	允许偏差
1	盖有基础梁的桩：（1）垂直基础梁的中心线 （2）沿基础梁的中心线	$100+0.01H$ $150+0.01H$
2	桩数为1~3根桩基中的桩	100
3	桩数为4~16根桩基中的桩	1/2桩径或边长
4	桩数大于16根桩基中的桩：（1）最外边的桩 （2）中间桩	1/3桩径或边长 1/2桩径或边长

注：H为施工现场地面标高与桩顶设计标高的距离。

预制桩钢筋骨架验收项目和质量检验标准（mm）

表4.3.3.3

项	序	检查项目	允许偏差或允许值	检查方法
主控项目	1	主筋距桩顶距离	±5	用钢尺量
	2	多节桩锚固钢筋位置	5	用钢尺量
	3	多节桩预埋铁件	±3	用钢尺量
	4	主筋保护层厚度	±5	用钢尺量
一般项目	1	主筋间距	±5	用钢尺量
	2	桩尖中心线	10	用钢尺量
	3	箍筋间距	±20	用钢尺量
	4	桩顶钢筋网片	±10	用钢尺量
	5	多节桩锚固钢筋长度	±10	用钢尺量

4.3.3.4 预制桩所用原材料包括砂、石、钢材、水泥、混凝外加剂等质量的检验项目、批量和检验方法，应符合国家

现行技术标准的规定。

4.3.3.5 沉桩施工中应对桩体垂直度、沉桩情况、接桩质量、桩顶完整状况等进行质量检验，对于电焊接桩的重要工程应做10%的焊缝探伤检查。

4.3.3.6 沉桩结束并达到规定的间歇时间后，按设计要求和国家现行标准中的有关规定，对桩的承载力和桩身完整性进行检测。

4.3.4 混凝土预制桩施工应注意的事项

4.3.4.1 普通钢筋混凝土预制桩应按国家颁布的标准图或设计图制作，预制钢筋混凝土方桩的规格见标准图集04G361。制作时，钢筋骨架的纵向钢筋在桩顶钢帽处应预留不小于50mm的间隙。桩顶与桩端处由于构造钢筋和箍筋的加密钢筋数量较多应注意混凝土浇注和震捣，保证其密实度。

4.3.4.2 桩的制作严禁采用拉模或翻模等快速脱模以及用三块侧模同时浇注两根桩的方法施工。

4.3.4.3 吊环、钢帽和钢靴等配件应位置准确、牢固。吊环的位置应埋设在中间纵向钢筋的两侧，吊环的锚脚埋入混凝土中的长度不得少于30倍吊环钢筋的直径，并与桩的纵向钢筋扎牢。

4.3.4.4 确定单根桩或多节桩的单节长度应综合考虑桩架的有效高度、制作场地的条件、运输装卸和起吊机具的能力以及工程地质条件对沉桩施工以及对桩基承载力的影响。

例如：

(1）应避免桩尖接近持力层或桩尖处于较硬土层时接桩；

(2）应避免因节点处于液化土层或软弱土层中，而降低桩承受地震或其他较高水平荷载的能力。

4.3.4.5 采用锤击沉桩施工时，锤型和锤级的选择应与桩的形状、尺寸、入土深度和土层性质相匹配。本着锤的总质量大于单桩质量和沉桩施工宜采用重锤低击、降低桩身锤击拉、压应力的原则，桩锤的选择应注意下列事项：

(1）保证桩能穿越较硬的土层（包括硬夹层），使桩尖能顺利进入设计要求的持力层的深度。

(2）锤击沉桩时，桩承受的锤击应力小于桩身材料的容许强度，不致使桩身遭受破坏。

(3）单桩的总锤击数不宜过多，一般宜控制在 1500~2000 击；不宜锤击时间过长，以防桩身遭到疲劳破坏或降低桩的承载能力。同时应根据锤的动力特性、桩的尺寸和重量以及工程地质条件，选用工效高的桩锤。

(4）沉桩时，桩的贯入度不宜过小，柴油锤沉桩贯入度不宜小于 1~2mm/击；蒸汽锤不宜小于 2~3mm/击。

4.3.4.6 沉桩停止锤击的标准应按标高和贯入度相结合的原则，根据地质条件和设计要求综合确定：

(1）桩尖持力层为一般土层时，以控制桩尖的标高为主，最终贯入度作参考；桩尖持力层为坚硬或硬塑的黏性土、中密以上的砂土、碎石土或风化岩时，以最终贯入度控制为主，桩尖进入持力层深度或桩尖标高作为参考；

(2）贯入度已达到要求而桩尖标高不满足设计要求时，

应继续锤击3阵，每阵10击的平均贯入度不应大于设计规定的数值。

4.3.4.7 桩的最终贯入度应在下列条件下确定：

（1）锤的落距符合规定；

（2）桩帽和弹性衬垫等正常；

（3）锤击无偏心；

（4）桩顶没有破坏或破坏处已凿除并处理平整。

4.3.4.8 为避免或减小沉桩挤土效应对已沉桩和邻近建筑物、地下管线的影响，大面积密集群桩的施工，可采取如下预防措施：

（1）预钻孔沉桩，孔径比桩断面的最大尺寸小50～100mm，孔深视桩距、土的密实度和渗透性而定，一般宜为入土桩长的1/3～1/2，施工时应随钻随打，宜采用具备钻孔锤击双重功能的打桩机为佳；

（2）设置袋装砂井、塑料排水板或管笼井，以消除部分超孔隙水压力，减少挤土现象。其间距和深度应根据土层条件和相关规范确定，一般间距为1.0～1.5m，深度10～12m；

（3）设置地面防振（挤土）沟，宽度一般为0.5～0.8m，深度视土质状况以边坡能自立为准；

（4）设置遮断减振壁，如水泥搅拌桩连续壁、板桩等；

（5）限制沉桩速率，减少或限定每天的打桩根数；

（6）上述措施可单独或综合采用，在沉桩过程中，对已成桩或邻近建筑物、地下管线等加强监视测量，做到信息施工。

4.3.4.9 当采用射水辅助措施穿越砂土和碎石土时,应通过现场试验确定射水压力和开始终止时间,并符合现行有关技术标准的规定,以保证桩基承载力和变形满足设计要求。

4.3.4.10 混凝土预制桩冬期的制作和沉桩施工应符合《建筑工程冬期施工规程》(JGJ 104—97)中的有关规定。

4.3.4.11 在深厚软土地区深基坑下的桩基,沉桩完成后基坑开挖时,应严格按计划好的开挖顺序和每次开挖深度施工,以防对已成桩基造成过大位移和横向折断。

4.4 钢 桩

4.4.1 适用范围与验收标准规定

4.4.1.1 本节适用于钢管桩和型钢桩。

4.4.1.2 成品钢桩的出厂质量验收及钢桩的施工质量验收应符合《建筑地基基础工程施工质量验收规范》(GB 50202—2002)的有关规定,其质量验收项目和质量检验标准列于表4.4.1.1及表4.4.1.2。

成品钢桩验收项目和质量检验标准　　表4.4.1.1

项目	序	检查项目	允许偏差或允许值		检查方法
			单位	数值	
主控项目	1	钢桩外径或断面尺寸:桩端		±0.5%D	用钢尺量,D为外径或边长
		桩身		±1.0%D	
	2	矢高		<(1/1000)L	用钢尺量,L为桩长

续表

项	序	检查项目	允许偏差或允许值 单位	允许偏差或允许值 数值	检查方法
一般项目	1	长度	mm	+10	用钢尺量
一般项目	2	端部平整度	mm	≤2	用水平尺量
一般项目	3	H 钢桩的方正度 $h>300$	mm	$T+T'\leqslant 8$	用钢尺量，h、T、T'见图示
一般项目	3	$h<300$	mm	$T+T'\leqslant 6$	用钢尺量，h、T、T'见图示
一般项目	4	端部平面与桩中心线的倾斜值	mm	≤2	用水平尺量

4.4 钢桩

钢桩施工验收项目和质量检验标准　　表 4.4.1.2

项	序	检查项目	允许偏差和允许值 单位	允许偏差和允许值 数值	检查方法
主控项目	1	桩位偏差	见表 4.4.3.2		用钢尺量
主控项目	2	承载力	按《建筑基桩检测技术规范》		按《建筑基桩检测技术规范》
一般项目	1	电焊接桩焊缝：			
一般项目	1	（1）上下节端部错口			
一般项目	1	（外径≥700mm）	mm	≤3	用钢尺量
一般项目	1	（外径<700mm）	mm	≤2	用钢尺量
一般项目	1	（2）焊缝咬边深度	mm	≤0.5	焊缝检查仪
一般项目	1	（3）焊缝加强层高度	mm	2	焊缝检查仪
一般项目	1	（4）焊缝加强层宽度	mm	2	焊缝检查仪

续表

项	序	检查项目	允许偏差和允许值		检查方法
			单位	数值	
一般项目		（5）焊缝电焊质量外观		无气孔，无焊瘤，无裂缝	直观
		（6）焊缝探伤检验		满足设计要求	按设计要求
	2	电焊结束后停歇时间	min	>1.0	秒表测定
	3	节点弯曲矢高		<(1/1000)L	用钢尺量，L为两节桩长
	4	桩顶标高	mm	±50	水准仪
	5	停锤标准		设计要求	用钢尺量或沉桩记录

4.4.2 钢桩施工技术

4.4.2.1 钢桩的材料应符合设计要求，并有出厂合格证和试验报告。

4.4.2.2 钢桩的分节长度应满足下列要求：

（1）满足桩架的有效高度、制作场地条件、运输与装卸能力；

（2）分节长度要避免桩尖接近硬持力层或桩尖处于硬持力层中接桩；

（3）钢桩一节长度不宜大于15m。

4.4.2.3 钢桩的焊接应符合下列规定：

（1）桩端部的浮锈、油污等脏物必须清除，保持干燥；下节桩桩顶经锤击后的变形部分应割除；

（2）上、下节桩焊接时应校正垂直度，对口的间隙预留2~3mm；

（3）焊接应对称进行，应用多层焊，钢管桩各层焊缝接头应错开，焊渣应每层清除；

（4）焊丝（自动焊）或焊条应烘干；

（5）气温低于0℃或雨雪天，无可靠措施确保焊接质量时，不得施焊；

（6）每个接头焊毕，应冷却1min后方可锤击。

4.4.2.4 钢桩运输和储存应符合下列规定：

（1）钢桩运输前应在钢管桩二端加保护圈，H型钢桩腹部加木填块保护，防止翼缘受撞击变形；

（2）搬运应防止撞击桩体，避免造成桩端、桩体损坏或弯曲。吊运时吊点设置应经过计算，防止桩体变形；

（3）储存堆放钢桩的场地应平整、坚实，排水畅通；

（4）钢桩应按规格、材质分别堆放。对于钢管桩，ϕ900直径堆置三层；ϕ600放置四层；ϕ400放置五层；钢管桩的两侧要用木楔塞住，防止滚动。对于H型钢桩堆放不得超过六层。应合理设置桩的支点，防止因堆放而使钢桩变形。

4.4.2.5 钢桩沉桩的施工技术和质量控制：

（1）钢桩沉桩施工技术无论采用锤击法还是静压法应参照4.1节或4.3节的有关要求执行；

（2）混凝土预制桩的沉桩过程各条质量控制要求均适用于钢桩施工；

（3）钢管桩沉桩有困难时可采用管内取土法沉桩；

（4）当施工现场地表层有大块石、混凝土块等回填物，

应在插桩前进行触探并清除障碍物后再插钢桩,保证沉桩顺利和桩垂直度正确;

(5) 持力层较硬时,H 型钢桩不宜送桩;

(6) 沉入 H 型钢桩的锤重不宜大于 4.5t 级(柴油锤),且在锤击过程中桩架前应有横向约束装置,防止横向失稳。

4.4.3 钢桩的检验

4.4.3.1 施工前应对成品桩做外观及强度检验。钢桩成品桩质量检验标准应遵循国家标准《建筑地基基础工程施工质量验收规范》(GB 50202—2002)及表 4.4.1.1 的规定。

4.4.3.2 钢桩的桩位偏差应符合表 4.4.3.2 的规定。

钢桩桩位的允许偏差(mm)　　　表 4.4.3.2

项	项　目	允 许 偏 差
1	盖有基础梁的桩: (1) 垂直基础梁的中心线 (2) 沿基础梁的中心线	100 + 0.01H 150 + 0.01H
2	桩数为 1~3 根桩基中的桩	100
3	桩数为 4~16 根桩基中的桩	1/2 桩径或边长
4	桩数大于 16 根桩基中的桩: (1) 最外边的桩 (2) 中间桩	1/3 桩径或边长 1/2 桩径或边长

注:H 为施工现场地面标高与桩顶设计标高的距离。

4.4.3.3 钢桩的焊接质量应符合《钢结构工程施工质量验收规范》和《建筑钢结构焊接规程》的要求,接头的外观检查应按照表 4.4.1.2 的规定。此外尚应按照接头总数的 5%进行超声检测或 2%的射线拍片检测,在同一工程内,探伤检测不得少于 3 个接头。

4.4.3.4 对于地基基础设计等级为甲级或地质条件复杂应采用静载荷试验的方法进行承载力检验,检验桩数不应少于总桩数的 1%,且不应少于 3 根,当总桩数少于 50 根时,不应少于 2 根。对于地基基础设计等级乙级(含乙级)以下的桩可按《建筑基桩检测技术规范》(JGJ 106—2002)选用检测方法,其检测方法和数量必须得到设计单位的认可。

4.4.4 钢桩施工应注意的事项

4.4.4.1 平整场地和放桩位时,先用钎探查找旧房基等地下障碍物并予以挖除,场地平整度不宜超过 10%。

4.4.4.2 当遇到硬夹层、较厚的砂层、砂卵石层以及复杂的地质条件时,应补充进行施工勘察;必要时,可一桩一探。

4.4.4.3 穿透硬夹层时,可采取射水法、吹气法等施工措施。

4.4.4.4 钢桩比混凝土预制桩的锤击性能好,耐锤击次数也高得多。因此,对电焊接桩的焊缝质量和电焊后停歇时间以及桩头的状况应注意检查。当沉桩困难时,可在上节桩的顶部和桩的端部增焊加强箍。加强箍壁厚不宜小于 9mm,宽度为 200~300mm。

4.4.4.5 用于有腐蚀性地下水或腐蚀性土层的钢桩,应按设计要求作防腐处理,钢管桩壁厚的选择应考虑使用年限。

4.5 混凝土灌注桩

4.5.1 适用范围与验收标准规定

4.5.1.1 混凝土灌注桩系指就地成孔并立即灌注混凝土制成的桩。因成桩工艺不同可分为泥浆护壁钻孔灌注桩、沉管灌注桩、夯扩桩、干作业成孔灌注桩及人工挖孔桩等。

4.5.1.2 混凝土灌注桩的施工质量验收应符合设计要求和《建筑地基基础工程施工质量验收规范》(GB 50202—2002)的有关规定,其质量验收项目的质量检验标准列于表 4.5.1.2。

混凝土灌注桩验收项目和质量检验标准 表 4.5.1.2

项目	序	检查项目	允许偏差和允许值		检查方法
			单位	数值	
主控项目	1	桩位	见表 4.5.3.1-2		基坑开挖前量护筒,开挖后量桩中心
	2	孔深	mm	+300	只深不浅,用重锤测,或测钻杆、套管长度,嵌岩桩应确保进入设计要求的嵌岩深度

续表

项目	序	检查项目	允许偏差和允许值 单位	允许偏差和允许值 数值	检查方法
主控项目	3	桩体质量检验	按《建筑基桩检测技术规范》。如钻芯取样，大直径嵌岩桩应钻至桩尖下500mm		按《建筑基桩检测技术规范》
主控项目	4	混凝土强度	设计要求		试件报告或钻芯取样送检
主控项目	5	承载力	按《建筑基桩检测技术规范》		按《建筑基桩检测技术规范》
一般项目	1	垂直度	见表4.5.3.1-2		测套管和钻杆，或用超声波检测，干施工时吊垂球
一般项目	2	桩径	见表4.5.3.1-2		井径仪或超声波检测，干作业时用钢尺量，人工挖孔桩不包括内衬厚度
一般项目	3	泥浆相对密度（黏土或砂性土中）	1.15~1.20		用比重计测，清孔后在距孔底以上50cm处取样
一般项目	4	泥浆面标高（高于地下水位）	m	0.5~1.0	目测
一般项目	5	沉渣厚度：端承桩 摩擦桩	mm mm	≤50 ≤150	用沉渣仪或重锤测量
一般项目	6	混凝土坍落度：水下灌注 干作业	mm mm	160~220 70~100	坍落度仪
一般项目	7	钢筋笼安装深度	mm	±100	用钢尺量
一般项目	8	混凝土充盈系数	>1		检查每根桩的实际灌注量
一般项目	9	桩顶标高	mm	+30 −50	水准仪，需扣除桩顶浮浆层及劣质桩体

4.5.2 混凝土灌注桩施工技术

4.5.2.1 混凝土灌注桩的材料质量,应满足下列要求:

(1)粗骨料应采用质地坚硬的卵石、碎石,其粒径宜用5~40mm连续级配;含泥量不大于2%,无垃圾及杂物;

(2)细骨料应选用质地坚硬的中砂,含泥量不大于3%,无有机物、垃圾、泥块等杂物;

(3)水泥宜用强度等级为32.5、42.5的硅酸盐水泥或普通硅酸盐水泥,使用前必须有出厂质量证明书和水泥现场取样复试试验报告;

(4)钢筋应具有出厂质量证明书和钢筋现场取样复试试验报告;

(5)混凝土配合比应经试验室试配。

4.5.2.2 混凝土灌注桩的钢筋笼制作场地应平整、坚硬。钢筋笼制作时宜采用对中支架,钢筋笼整体吊装时应采取有效措施防止钢筋笼的变形。

4.5.2.3 泥浆护壁钻孔灌注桩施工技术,应符合下列要求:

(1)泥浆护壁成孔时,宜采用孔口护筒,护筒应按下列规定设置:

1)护筒埋设应准确、稳定,护筒中心与桩位中心的偏差不得大于50mm;

2)护筒内径应大于钻头直径100mm;

3)护筒的埋设深度:在黏性土中不宜小于1.0m;砂土中不宜小于1.5m,其高度尚应满足孔内泥浆面高度的要求;采用旋挖钻机施工时护筒的埋设深度不宜小于2.5m；

4）受水位涨落影响或水下施工的钻孔灌注桩，护筒应加高加深，必要时应打入不透水层。

（2）除能自行造浆的黏性土层外，均应制备泥浆。泥浆制备应选用高塑性黏土或膨润土。泥浆应按照设计配合比拌制，制备泥浆的性能指标应符合设计要求。

（3）泥浆护壁应符合下列规定：

1）正、反循环钻机施工期间护筒内的泥浆面应高出地下水位1.0m以上，在受水位涨落影响时，泥浆面应高出最高水位1.5m以上；旋挖钻机施工期间护筒内的泥浆面宜高出地下水位3.0m以上；

2）在清孔过程中，应使用经沉淀处理或新制备的优质泥浆置换孔内未达标的泥浆；

3）浇注混凝土前，孔底500mm以上的泥浆相对密度应小于1.25；含砂率小于8%；黏度小于28s；

4）在容易产生泥浆渗漏的土层中应采取投掷黏土块、加大泥浆相对密度等维持孔壁稳定的措施。

（4）清孔后和灌注水下混凝土前应检测孔底的沉渣厚度。不符合要求时应重新清孔直至沉渣厚度符合要求为止。

（5）泥浆护壁钻孔灌注桩应采用导管法浇注水下混凝土。水下混凝土必须具备良好的和易性，坍落度宜为160~220mm，水泥用量不少于360kg/m³。

（6）使用的隔水栓应有良好的隔水性能并保证能顺利从导管内排出。为此，导管底部至孔底的距离宜为300~

500mm，桩直径小于 600mm 时可适当加大导管底部至孔底距离。

（7）首次灌注混凝土时，应有足够的混凝土储备量，使导管一次埋入混凝土面以下 0.8m 以上。水下混凝土应连续浇注，且边灌注混凝土边提升导管，使导管埋深控制在 2~6m 范围内，严禁导管提出混凝土面，以防造成导管堵塞或断桩。

4.5.2.4 沉管成孔灌注桩施工技术，应符合下列要求：

（1）活瓣桩尖应有足够强度和刚度，预制桩尖混凝土强度不得低于 C25；

（2）必须预先制定防止缩孔和断桩等措施，沉管过程中，应经常探测管内有无地下水或泥浆，如发现水或泥浆较多，应拔出桩管进行处理后再继续沉管；

（3）浇筑混凝土和拔管时应保证混凝土质量，混凝土的坍落度宜控制在 70~100mm 范围内，并确保其和易性，防止混凝土离析。桩管灌满混凝土后方可拔管，管内应保持不少于 2m 高度的混凝土，拔管速度：锤击沉管时应为 0.3~1.0m/min；振动沉管时，对于预制桩尖，不宜大于 4m/min，采用活瓣桩尖时，不宜大于 2.5m/min；

（4）锤击沉管扩孔灌注桩施工时，必须在第一次灌注的混凝土初凝前完成复打工作，第一次灌注混凝土的高度应高于地下水位或桩顶设计标高，复打前，应把桩管外壁的污泥清除，桩管每次打入时，中心线应重合；

（5）夯扩桩施工前宜进行试成桩，详细记录混凝土的分段灌入量、外管上拔高度、内管夯击次数、双管同步沉入深度，并检查外管的封底情况，有无进水、涌泥等，经核定后作为施工质量的控制依据；

（6）振动沉管灌注桩采用单打法时，每次拔管高度应控制在50~100cm；采用反插法时，反插深度不宜大于活瓣桩尖长度的2/3；

（7）沉管成孔灌注桩任意一段平均直径与设计直径之比严禁小于1。实际浇筑混凝土量严禁小于计算体积。混凝土强度必须符合设计要求。

4.5.2.5 后插钢筋笼灌注桩施工技术，应符合下列要求：

（1）钻机就位后，应校正钻杆垂直度，以保证桩身垂直度偏差不大于允许偏差；

（2）开钻前，先将混凝土泵的料斗及管线用清水湿润，并用少量的水泥砂浆进行泵送润滑管线，防止堵管；

（3）应封住钻头阀门，使钻杆向下移动至钻头触及地面后再开钻，钻进时应先慢后快，在成孔过程中如发现钻杆摇晃或钻进困难时，应停机或放慢进尺，遇到障碍物不应强行钻进，待分析原因并排除障碍物后再恢复钻进；

（4）钻头到达设计标高后，钻杆停止转动，开始泵送混凝土，泵送量达到钻杆芯管一定高度后方可提钻，边泵送混凝土边拔管，拔管速率控制应与泵送量相匹配，保证钻头始终埋在桩身混凝土液面以下至少0.8m，成桩的提拔速率宜控制在2.0~3.5m/min，直至混凝土充满钻孔；

（5）泵送时要始终保持混凝土泵料斗内的混凝土液面在

料斗底面以上一定高度,防止泵入空气,造成堵管;

(6) 后插钢筋笼施工宜将钢筋笼连同振动导管整体起吊,垂直插入孔中,靠自重下落到一定深度并停止下沉后再开启振动器,靠振动器的振动力将钢筋笼沉至设计标高,下笼过程中应采取有效措施防止钢筋笼过大倾斜及笼顶下沉;

(7) 应在钢筋笼主筋外侧设置足够数量的导向钢筋环,保证钢筋保护层的厚度满足设计要求;

(8) 选择好振动器的质量和振动参数以及适宜的混凝土配合比和坍落度是保证钢筋笼能顺利下入桩端且不因过大振动而导致桩身混凝土离析的技术关键。

4.5.2.6 干作业成孔灌注桩施工技术,应符合下列要求:

(1) 螺旋钻机钻孔时,应保持钻杆垂直位置正确,防止钻杆晃动扩大孔径及增加孔底虚土,钻进中遇到地下水、塌孔等异常情况应同有关单位研究处理;

(2) 钻孔扩底桩应根据电流值或油压值调节扩孔刀片切削土量,防止出现超负荷现象;

(3) 成孔后应用探测器检查孔径、深度和孔底情况,并将回落土及泥水清除干净并加盖保护;

(4) 浇筑混凝土前应在钢筋笼放入后再次检测孔内虚土厚度且符合要求后方能浇筑混凝土。坍落度宜控制在80~100mm,并分层浇捣密实。每层浇注厚度约500~600mm,最大不得超过1500mm。若为扩底成孔灌注桩,混凝土第一次先浇注到扩大头的1/2高度处,即可安设钢筋笼并继续灌注混凝土到扩底部位的顶面后,再分层浇注桩身部分混凝土,混凝土浇注时，应随浇随振捣。为防止混凝土离析，桩孔中应挂长串筒。实际浇注的混凝土量严禁小于计算体积。

4.5.2.7　人工挖孔灌注桩

（1）对护壁井圈的要求

1）开孔前，桩位必须放样准确，在桩位外设置定位龙门桩。安装护壁井圈模板必须用桩中心点校正模板，其位置与设计轴线的偏差不得大于20mm；

2）护壁顶面应比场地高出150~200mm，壁厚比场地标高面下的厚度大100~150mm，每节井圈高约1m左右；

3）护壁的厚度不宜小于100mm，混凝土强度等级不得低于桩身混凝土，拉结钢筋、配筋应符合设计要求；

4）上、下节护壁的搭接长度不得小于50mm，每节护壁应在当天完成，混凝土必须保证密实，如有渗水，应使用速凝剂修补，井圈模板拆除应在24h后进行，井圈混凝土有蜂窝、渗漏现象应及时补强，以防发生事故；

5）同一水平面上的井圈任意直径的极差不得大于50mm；

6）遇有局部或厚度小于1.5m流动性淤泥和可能出现涌土涌砂时，每节护壁井圈的高度可减小到300~500mm，并随挖随验随浇注混凝土；也可采用钢护壁井圈（即钢护筒）或有效的降水措施等方法进行处理。

（2）清底和安放钢筋笼

挖至设计标高后应检测孔深并清理好护壁井圈上的泥土和孔底残渣及积水。符合设计要求后，立即安放钢筋笼并再次清理孔底残渣和封底、浇注桩身混凝土。

(3) 浇注桩身混凝土

1) 人工挖孔灌注桩的桩长一般都大于3m，浇注混凝土应用串筒，串筒末端离孔底高度不宜大于2m，混凝土采用插入式振捣器振实；

2) 当孔底或孔壁有渗水影响混凝土浇注质量时，应采取有效措施保证混凝土的浇注质量。

4.5.3 混凝土灌注桩的检验

4.5.3.1 混凝土灌注桩的施工质量应满足设计要求和《建筑地基基础工程施工质量验收规范》（GB 50202—2002）的有关规定，其钢筋笼质量检验标准列于表4.5.3.1-1；桩位和垂直度允许偏差列于表4.5.3.1-2；桩径、孔深、及混凝土充盈系数等指标均应符合表4.5.1.2的规定。

混凝土灌注桩钢筋笼质量检验标准（mm）

表4.5.3.1-1

项目	序	检查项目	允许偏差和允许值	检查方法
主控项目	1	主筋间距	±10	用钢尺量
	2	长度	±100	用钢尺量
一般项目	1	钢筋材质检验	设计要求	抽样送检
	2	箍筋间距	±20	用钢尺量
	3	直径	±10	用钢尺量

灌注桩的平面位置和垂直度的允许偏差

表 4.5.3.1-2

序号	成孔方法		桩径允许偏差(mm)	垂直度允许偏差(%)	桩位允许偏差	
					1~3根、单排桩基垂直于中心线方向和群桩基础的边桩	条形桩基沿中心线方向和群桩基础的中间桩
1	泥浆护壁灌注桩	$D \leq 1000mm$	±50	<1	$D/6$,且不大于100	$D/4$,且不大于150
		$D > 1000mm$	±50		$100 + 0.01H$	$150 + 0.01H$
2	套管成孔灌注桩	$D \leq 500mm$	-20	<1	70	150
		$D > 500mm$			100	150
3	干成孔灌注桩		-20	<1	70	150
4	人工挖孔桩	混凝土护壁	+50	<0.5	50	150
		钢套管护壁	+50	<1	100	200

注：1. 桩径允许偏差的负值是指个别断面。
2. 采用复打、反插法施工的桩，其桩径允许偏差不受上表限制。
3. H 为施工现场地面标高与桩顶设计标高的距离，D 为设计桩径。

4.5.3.2 灌注桩的桩顶施工标高至少要比设计标高高出 0.5m，清孔质量应符合国家标准《建筑地基基础工程施工质量验收规范》(GB 50202—2002)的要求。

4.5.3.3 灌注桩每浇注 $50m^3$ 必须有 1 组试件，小于 $50m^3$ 的单柱单桩，每根桩必须有 1 组试件。

4.5.3.4 桩体质量检验：对设计等级为甲级或地质条件复杂、成桩质量可靠性低的灌注桩的抽检数量不应少于桩总数的 30%，且不应少于 20 根；其他桩基工程的抽检数量不应少于总数的 20%，且不应少于 10 根；对地下水位以上且终孔后经过核验的人工挖孔灌注桩，检验数量不应少于总桩数的

10%，且不得少于10根；柱子承台下设制三桩或三桩以下的桩基，每桩检验的数量不得少于1根。检验方法按《建筑基桩检测技术规范》（JGJ 106—2003）实施。

4.5.3.5 对于地基基础设计等级为甲级或地质条件复杂、成桩质量可靠性低的灌注桩，应采用静载荷试验的方法进行承载力检验，检验桩数不应少于总桩数的1%，且不应少于3根；当总桩数少于50根时，不应少于2根。对于地基基础设计等级乙级（含乙级）以下的桩可按《建筑基桩检测技术规范》（JGJ 106—2003）选用检测方法，其检测方法和数量必须得到设计单位的同意。

4.5.4 混凝土灌注桩施工应注意的事项

4.5.4.1 应采取有效措施防止孔底沉渣过厚或虚土过多，特别要防止超深钻进导致虚报沉渣和虚土厚度。对于泥浆护壁钻孔灌注桩，宜采用泵吸反循环或气举反循环清除过厚的沉渣。

4.5.4.2 应采用护筒、盖板等措施防止孔口坍塌，在松散砂土、粉土等易于塌孔的地层中钻进时应采用投掷黏土块、加大泥浆相对密度等加固孔壁的措施。

4.5.4.3 干作业成孔和人工挖孔灌注桩不宜在孔口堆积过多的出土，应及时将孔口积土清理干净。

4.5.4.4 钻孔灌注桩在进行正式施工前，宜进行"试成孔"，以做到核对地质资料，检验设备、施工工艺、技术措施及设计要求的适宜性。在复杂地质条件下宜进行必要的施工勘察，对于重要工程的大直径钻孔桩可考虑进行一柱一探或一桩一探。

4.5.4.5 采用长螺旋钻孔机在含有上层滞水的土层中施工时，宜采用中心管压水泥浆护壁工法或中心管压混凝土工法。

4.5.4.6 水下灌注混凝土所用导管使用前应确保导管的密封性和完好性，防止在混凝土灌注过程中泥浆进入管内导致混凝土离析、堵管而造成断桩事故。水下混凝土灌注前应策划好混凝土堵管的处理措施和机具。一旦发生堵管现象立即进行疏导，并作好记录备查。

4.5.4.7 泥浆护壁钻孔灌注桩宜采用桩端及桩侧后压浆工艺，除能减少沉渣、泥皮对成桩质量的影响外，还能大幅度提高基桩的承载力，节约投资。

5 土方工程

5.1 土方开挖

5.1.1 适用范围与验收标准

5.1.1.1 土方开挖指场地平整和基坑开挖、路基平整及一些特殊土工构筑物的开挖。临时性开挖的边坡值应符合表5.1.1.1的规定。

深度在5m内不加支撑的基坑（槽）、
管沟边坡的最大坡度值 表5.1.1.1

土的类别	边坡坡度（高:宽）		
	坡顶无荷载	坡顶有静载	坡顶有动载
中密砂土	1:1.00	1:1.25	1:1.50
碎石类土 （填充物为砂土）	1:0.75	1:1.00	1:1.25
硬塑粉土	1:0.67	1:0.75	1:1.00
碎石类土 （填充物为黏性土）	1:0.50	1:0.67	1:0.75
硬塑粉质黏土、黏土	1:0.33	1:0.50	1:0.67
黄土	1:0.10	1:0.25	1:0.33
软土（经井点降水后）	1:1.00	—	—

注：静载指堆土或材料等，动载指机械挖土或汽车运输作业等。当有成熟施工经验时可不受本表限制。

5.1.1.2 土方开挖的施工质量验收应符合设计要求和《建筑地基基础工程施工质量验收规范》(GB 50202—2002)的有关规定,其质量检验标准列于表 5.1.1.2。

土方开挖工程质量检验标准(mm)　　表 5.1.1.2

项	序	检查项目	允许偏差或允许值					检验方法
			柱基基坑基槽	挖方场地平整		管沟	地(路)面基层	
				人工	机械			
主控项目	1	标高	-50	±30	±50	-50	-50	水准仪
	2	长度、宽度(由设计中心线向两边量)	+200 -50	+300 -100	+500 -150	+100	—	经纬仪,用钢尺量
	3	边坡	设计要求					观察或用坡度尺检查
一般项目	1	表面平整度	20	20	50	20	20	用 2m 靠尺和楔形塞尺检查
	2	基底土性	设计要求					观察或土样分析

注:地(路)面基层的偏差只适用于直接在挖、填方上做地(路)面的基层。

5.1.2 土方开挖施工技术

5.1.2.1 土方开挖前,应清除施工场地内地上和地下障碍物。对原有建筑物和地上设施采取有效的保护措施,完成场地平整及临时性排水设施,编制土方开挖方案。

5.1.2.2 土方开挖前应检查定位放线、排水和降水系统,合理安排土方运输车的行走路线及弃土场。

5.1.2.3 土方开挖施工过程中应检查平面位置、水平标高、边坡坡度、排水、降低地下水位系统，并随时观测周围的环境变化。

5.1.2.4 土方开挖采用机械施工时，应保留大于300mm土层由人工开挖至基底，严禁扰动地基土持力层。

5.1.2.5 人工开挖土质较均匀且地下水位低于基坑（槽）底面标高时，可不加支撑、不放坡开挖，其挖土深度应根据土质确定，且不宜越过下列深度：

（1）密实、中密的砂土和碎石土（填充物为砂土）时为1.0m；

（2）硬塑、可塑的粉质黏土时为1.25m；

（3）硬塑、可塑的黏土和碎石土（填充物为黏性土）时为1.5m；

（4）坚硬黏土为2.0m。

5.1.2.6 人工开挖基坑（槽）时，弃土或堆放的材料应符合设计要求，一般情况下应离开基坑（槽）边缘1.0m以外，高度不宜超过1.5m。

5.1.2.7 人工开挖基坑（槽）时，应合理确定开挖顺序和分层开挖深度。对于大面积基坑应从三面开挖，留一面挖成斜坡作为出土通道。在软土地区开挖基坑挖土的台阶高差不宜大于1.0m。

5.1.2.8 机械开挖基坑（槽）所用推土机、铲运机、挖掘机和自卸汽车等机械应保持良好状态并按其作业规程进行作业。

5.1.2.9 推土机以切土和推运作业为主，宜采取最大切土深度并在最短运距（6~10m）作业。推土机按其作业内容分为下列方式：

（1）下坡推土法，在6°~10°的斜坡上，向下坡方向切土和推运，下坡推土最大坡度不应超过15°；

（2）并推法，适用于大面积平整场地，用2~3台推土机并列推土，两刀片间距宜保持300~500mm，运距不宜大于30m，积土高度不宜高于2.0m；

（3）多刀推土法，适于开挖硬土，切土深度不宜过大，先将土积累数处后再整批推运至卸土区；

（4）槽子推土法，连续多次在一条作业线上切、推，利用形成的浅槽推土。

5.1.2.10 铲运机进行土方开挖施工应注意下述问题：

（1）铲运机施工的行走路线应根据挖填土区的分布，合理安排铲土与卸土的相对位置，宜采用环形或"8"字形路线，铲土厚度一般为80~300mm；

（2）自然条件允许时，可利用铲运机自重下坡铲土，其坡度为3°~9°，对于平坦地形可人为造成斜坡，但坡度不宜大于15°；

（3）铲运较硬土层时，可采用间隔作业预留土埂的跨铲法，其土埂高度不应大于300mm，宽度不宜大于两履带之净距；

（4）用自动铲运机挖运长距离硬土时，可采取助铲法，其场地宽度不宜小于20m，长度不宜小于40m。

5.1.2.11 挖掘机开挖土方应采取下列方式：

(1) 正铲挖掘施工

1) 侧向开挖,挖掘机沿前进方向开挖,运土车停放于侧面,此法回转角度小,生产效率高;

2) 正向开挖,挖掘机沿正向挖土,运土车在其后,其优点是机械的工作面和回转角度大但效率较低。

(2) 反铲挖掘施工。常采用沟(槽)端或沟(槽)侧两种开挖方式。运土车置于一侧,可减少回转角并提高效率。当大面积开挖时,可作"之"字形移动。

(3) 拉铲挖掘施工。常用采槽(沟)端和槽(沟)侧开挖作业,当开挖面的宽度较小又要求侧壁整齐时,可采用三角形开挖施工。

(4) 抓铲挖掘施工。作业时动臂倾角应在45°以上,挖土先从四角开始然后进行中间开挖。挖掘机离坑(槽)边缘距离不得小于2m。

5.1.2.12 自卸汽车应根据挖掘机的大小配备。一般情况下,汽车载重量约为挖掘机斗容量的3~5倍。汽车数量应以保持挖掘机的连续作业为佳。

5.1.3 土方开挖的质量检验

5.1.3.1 土方开挖工程质量应符合设计要求和表5.1.1.2中的各项质量标准。

5.1.3.2 平整场地的表面坡度应符合设计要求,如无设计要求时,排水沟方向的坡度不应小于2‰。平整后的场地地表面应逐点检查。检查点为每100~400m^{2}取1点,且不应少于 10 点；长度、宽度方向和边坡均为每 20m 取 1 点，且每边不少于 1 点。

5.1.4 土方开挖施工应注意的事项

5.1.4.1 在土方开挖过程中，应随时注意地质变化状况。如发现土质条件与原勘察资料不符，或遇有枯井、古墓等应与设计单位共同研究处理方法。如遇有文物，应立即停止施工，保护好现场并迅速报请主管部门处理。

5.1.4.2 在土方开挖过程中应随时检查基坑（槽）边坡稳定性。如发现边坡有滑动迹象（如裂缝、位移等）时，应立即采取下列措施：

（1）暂停施工，必要时，全体人员和机械转移至安全地点；

（2）通知有关单位提出处理措施；

（3）对边坡进行水平和竖向位移的观测并做好记录。

5.1.4.3 土方开挖至基底标高后，必须对基底土进行有效保护，并做到：

（1）合理安排土方开挖、清运顺序，土方开挖至基底标高后，严禁土方开挖和运输机械、施工人员在基底面上直接行走，防止基底土体被扰动；

（2）雨期土方施工时，做好防雨及基底的排水措施，防止基底土体遭水浸泡；

（3）冬期土方施工时，应对基底土作有效的防冻措施，确保基底土不受冻害；

（4）土方外运时，应做到文明施工，运输车辆出场地前应对车身、轮胎等进行清扫（洗），并进行有效覆盖，防止运输过程中出现遗撒。

5.2 土方回填

5.2.1 适用范围与验收标准

5.2.1.1 土方回填指场地平整、基槽、路基及一些特殊土工构筑物的回填、压实等。

5.2.1.2 土方回填施工应检查标高、边坡坡度、压实程度等，施工质量验收应符合设计要求和《建筑地基基础工程施工质量验收规范》（GB 50202—2002）的有关规定，其质量检验标准列于表5.2.1.2。

填土质量检验标准（mm） 表5.2.1.2

项	序	检查项目	允许偏差或允许值					检查方法
			柱基基坑基槽	场地平整		管沟	地(路)面基础层	
				人工	机械			
主控项目	1	标高	-50	±30	±50	-50	-50	水准仪
	2	分层压实系数	设计要求					按规定方法
一般项目	1	回填土料	设计要求					取样检查或直观鉴别
	2	分层厚度及含水量	设计要求					水准仪及抽样检查
	3	表面平整度	20	20	30	20	20	用靠尺或水准仪

5.2.2 土方回填施工技术

5.2.2.1 土方回填前应清除基底的垃圾、树根等杂物，抽除积水、淤泥，验收基底标高。如在耕植土或松土上填方，应在基底压实后再进行回填。

5.2.2.2 对填方土料应按设计要求验收合格后方可填入。

5.2.2.3 填方施工过程中应检查排水措施、每层填筑厚度、含水量控制及压实程度。填筑厚度及压实遍数应根据土质、压实系数要求及所用机具确定。如无试验依据，应符合表5.2.2.3的规定。

填土施工时的分层厚度及压实遍数　　表5.2.2.3

压实机具	分层厚度（mm）	每层压实遍数
平碾	250~300	6~8
振动压实机	250~350	3~4
柴油打夯机	200~250	3~4
人工打夯	<200	3~4

5.2.2.4 回填土的含水量应严格控制，防止形成"橡皮土"。如土质过干应进行洒水湿润。回填土的最优含水量和最大干密度应符合设计要求。

5.2.2.5 大面积高填土施工应符合下列要求：

（1）填土应接近水平分层回填和压实。分层压实用的土料应均匀，铺土厚度应小于压实机械压实作用的深度。一般情况下，平碾压实时的虚铺厚度为200~300mm；羊足碾压实的虚铺厚度为 200~350mm；蛙式打夯机压实的虚铺厚度为 200~250mm；振动碾压实的虚铺厚度为 600~1500mm（8~15t 振动碾）。

（2）分层压实的填土，经检验合格后方可铺填上层土。填土交接处上下层错缝距离不得小于 1.0m，每层碾压重叠碾迹应达到 0.5~1.0m。对于石渣或块石填料，其粒径应小于每层铺设厚度的 2/3。

（3）机械压实应由填土区两侧逐步向中心推进，每次碾压应有 150~200mm 的重叠。

5.2.2.6 在基础两侧回填土时，宜在两侧同时填夯，且其高度不应相差太大。管沟铺设管道后，回填应从两侧同时进行，防止管中心偏移。

5.2.3 土方回填的检验

5.2.3.1 土方回填的施工质量应满足设计要求和《建筑地基基础工程施工质量验收规范》（GB 50202—2002）中有关规定的要求。施工质量检验必须分层进行，每层回填土的压实系数都应满足设计要求。

5.2.3.2 施工过程中土方回填的质量检验，宜采用环刀取样，测定其干密度，取样点应位于每层填筑厚度的 2/3 深度处。检验点数量，对于基坑每 50~100m^2 不应少于 1 个检验点；对基槽每 10~20m 不应少于 1 个检验点；每个独立柱基不应少于 1 个检验点。

5.2.3.3 对于有承载力要求的回填土方，土方回填完成后应采用静载荷试验进行检验,检验数量为每个单体工程不宜少于3点;对于大型工程则应按单体工程的数量或工程的面积确定检验点数。

5.2.3.4 对于质量检验不符合设计要求的回填土方,应进行补夯或重新夯实,再进行质量检验。

5.2.4 土方回填施工应注意的事项

5.2.4.1 土方回填的土料宜选用施工现场挖出的土质单一、性能良好的土体,严禁使用杂填土、有机质含量大于5%的土,严禁使用淤泥类土、膨胀土、盐渍土等活性较强的土。

5.2.4.2 土方回填在地下水位以下施工时,应采取有效的降、排水措施,使地下水位降至土方回填基底标高以下。

5.2.4.3 雨期施工应采取如下措施:

(1)雨期施工前应检查、疏通排水设施,保证雨水排放畅通,防止雨水流向填土方区域;

(2)雨期施工面不宜过大,应分片、分段分期完成;

(3)雨期填土施工从挖运到铺填压实等各工序应连续进行,防止填料受浸泡导致含水量过大,必要时应对填料覆盖防雨。刚回填压实的土方若遭水浸泡,应将水及时排走,挖除松软的回填土方并补填夯实。受浸湿的回填土料,应凉干后再回填使用;

(4)在湿陷性黄土地区进行施工,雨后应检查有无洞穴出现,如发现异常应采取有效措施后方可继续施工。

5.2.4.4 土方回填不宜在冬期严寒季节施工。如工期要求非得在冬期施工时，应采取如下措施：

（1）冬期填方高度依气温而定，室外气温平均值在-5℃以下时，填方高度应符合表5.2.4.4要求。

冬期填方高度　　　　　　　　　表5.2.4.4

室外平均气温（℃）	填方高度（m）
-5～-10	4.5
-11～-15	3.5
-16～-20	2.5

（2）土方回填在冬期施工尚应遵循下列规定：

1）填土前应清除基坑底的冰雪；

2）室外基坑（槽）或管沟可用含有冻土块的土回填，但冻土块的最大粒径应小于150mm，冻土块的体积不得超过填土总体积的15%，且应均匀分布逐层压实；

3）管沟底至管顶下500mm范围内不得含有冻土块；

4）冬期填方每层虚铺厚度比常温时减少20%～25%，预留沉降量应比常温下的3%适当增加；

5）填方边坡表层1m内不得用冻土填筑，填方上层应用未冻土、非冻胀或透水性好的土料填筑，其厚度应符合设计要求，室内的基坑（槽）或管沟不得用含有冻土块的土料填筑；

6）填方作业应连续进行，并采取有效措施防止地基土或已填筑土层受冻。

6 基坑工程

6.1 排桩墙支护工程

6.1.1 适用范围与验收标准

6.1.1.1 排桩墙支护系指由灌注桩、预制桩、钢板桩等类型的桩与桩顶冠梁、锚杆或内支撑、桩间土护面等构成的支撑结构体，以保证基坑侧壁稳定和周围环境的安全，适用于基坑深度深、变形要求高的基坑支护工程。当基坑深度较深时，排桩应与锚杆、支撑同时使用；当地下水位高于基坑底面时，排桩支护宜结合降水或止水帷幕使用。

6.1.1.2 排桩质量验收应符合设计要求和《建筑地基基础工程施工质量验收规范》（GB 50202—2002）的有关规定。无特殊要求情况下，可采用下列验收标准：

（1）灌注桩、预制桩的验收标准应符合第4章有关桩基础的规定。

（2）钢板桩可按出厂标准验收，重复使用的钢板桩应符合表6.1.1.2 的规定。

6.1.1.3 排桩墙支护工程验收必须以确保支护结构安全和周围环境安全为前提。当设计有指标时，以设计要求为依据,如无设计指标时应按表6.1.1.3的规定进行。

重复使用的钢板桩检验标准　　　表6.1.1.2

序	检查项目	允许偏差或允许值		检查方法
		单位	数值	
1	桩垂直度	%	<1	用钢尺量
2	桩身弯曲度	%	<2%L	用钢尺量,L为桩长
3	齿槽平直度及光滑度	无电焊渣或毛刺		用1m长的桩段做通过试验
4	桩长度	不小于设计长度		用钢尺量

基坑变形的监控值(mm)　　　表6.1.1.3

基坑类别	围护结构墙顶位移监控值	围护结构墙体最大位移监控值	地面最大沉降监控值
一级基坑	30	50	30
二级基坑	60	80	60
三级基坑	80	100	100

注:1. 符合下列情况之一,为一级基坑:

1)重要工程或支护结构做主体结构的一部分;

2)开挖深度大于10m;

3)与邻近建筑物、重要设施的距离在开挖深度以内的基坑;

4)基坑范围内有历史文物、近代优秀建筑、重要管线等需严加保护的基坑。

2. 三级基坑为开挖深度小于7m,且周围环境无特别要求的基坑。

3. 除一级和三级外的基坑属二级基坑。

4. 当周围已有的设施有特殊要求时,尚应符合这些要求。

6.1.2 排桩墙施工技术

6.1.2.1 灌注桩所用材料应符合设计和有关规范的要求，进场材料应有合格证、检验报告、材质单等质量证明资料并按有关规定取样复试，合格后方可使用；预制桩、钢板桩的制作质量应符合设计要求和有关规范的规定，并应有出厂合格证。

6.1.2.2 当排桩采用灌注桩时，其施工技术和质量要求见本指南灌注桩部分。但桩的垂直度和桩径应从严要求；如桩的钢筋笼为非均匀配筋，在钢筋笼制作和吊放入孔时应确保钢筋笼的安放方位与设计一致，其偏差应满足设计要求。

6.1.2.3 预制桩、板桩施工技术

（1）预制桩、板桩可选用柴油锤、静力压桩和钻孔取土沉桩等方法施工，钻孔取土沉桩时，钻孔直径可取 0.8～0.9 倍桩截面等代的直径；

（2）预制桩、板桩施工前，应合理选定沉桩的顺序和流向，当周边有需要保护的建筑物和管线时宜从靠近该建筑物或管线处开始向外方向沉桩，必要时，在排桩与建筑物或管线间挖设隔震沟；

（3）施工过程中，应对土体位移、隆起，孔隙水压力变化等进行监测，根据监测结果控制打桩速率；

（4）当产生过大的土体位移或隆起时应停止施打，并采取有效措施；

（5）钢板桩接长应在专用平台上进行，连接处应设加强板等措施，焊接的钢板桩应确保平直；

（6）混凝土板桩的榫口应结合紧密，钢板桩应锁口或互搭。

6.1.2.4 基坑开挖后，排桩（灌注桩、预制桩）的桩间土防护可采用钢丝网混凝土护面、砖砌等处理方法。当桩间渗水时，应在桩间护面设泄水孔。当基坑在地下水位以上且土质较好、暴露时间较短时，可不对桩间土进行防护处理。

6.1.2.5 当排桩支护涉及锚杆和内支撑时，其施工技术和质量要求见本指南锚杆和内支撑施工的有关内容。排桩的冠梁施工应符合现行《混凝土结构工程施工质量验收规范》（GB 50204—2002）的要求。

6.1.3 排桩墙支护工程的质量检验

6.1.3.1 排桩墙支护工程的施工质量应符合设计要求和《建筑地基基础工程施工质量验收规范》（GB 50202—2002）的有关要求。

6.1.3.2 混凝土灌注桩质量检验

（1）桩身混凝土强度采用标养 28d 的试块抗压强度检验，检验数量宜为每 100m³ 同配合比混凝土至少留置一组标准养护试件，且每个灌注台班不应少于 1 组；

（2）采用低应变动测检验桩身完整性，检验数量不宜少于总桩数的 10%，且不得少于 5 根；

（3）当根据低应变动测判定的桩身缺陷可能影响桩的受弯受剪承载力时，应采用钻芯法补充检验，检验数量不宜少于总桩数的 2%，且不得少于 3 根。

6.1.3.3 预制桩、板桩在施工中应检查桩的电焊接桩质量，除常规检查外，应做10%的电焊探伤检查。

6.1.4 排桩施工应注意的事项

6.1.4.1 灌注桩灌注时，每根桩至少应测试一次混凝土坍落度，保证混凝土坍落度满足设计要求。

6.1.4.2 冠梁施工前，应凿除桩顶浮浆及多余桩身混凝土，桩顶以上出露的钢筋锚固长度应达到设计要求。

6.1.4.3 重复使用的钢板桩沉打前应用不小于1m长的桩段做通过试验，检查齿槽平直度及光滑度，应确保通过。

6.1.4.4 钢板桩在完成其临时支护作用后需拔除时，拔桩必须有周密措施，防止和减少板桩拔除时将土大量带出，以避免对地下结构和邻近建筑物、管线的影响。

6.1.4.5 排桩支护设有锚杆或支撑时，土方开挖应分层进行，应按设计要求控制锚杆或支撑施工作业面标高，待锚杆或支撑施工完成并达到设计强度要求后方可进行其下层的土方开挖，严禁超挖。

6.2 水泥土桩墙支护

6.2.1 适用范围与验收标准

6.2.1.1 水泥土桩墙支护系指水泥土搅拌桩（包括加筋水泥土搅拌桩）、高压喷射注浆桩所相互搭接形成的格栅状或壁状等形式的重力式墙体,以保证基坑侧壁稳定和周围环境的安全。水泥土桩墙支护适用于地基土承载力不大于150kPa的土层,水泥土桩墙支护在软土中基坑深度不宜大于6m。

6.2.1.2 水泥土桩墙质量验收应符合设计要求和《建筑地基基础工程施工质量验收规范》(GB 50202—2002)的有关规定。当无特殊要求时,可采用下列验收标准:

(1)水泥土搅拌桩、高压喷射注浆桩的验收标准应符合第3章有关水泥土搅拌桩、高压喷射注浆桩的有关规定。

(2)插入型钢的加筋水泥土桩应符合表6.2.1.2的规定。

加筋水泥土桩质量检验标准　　　表6.2.1.2

序	检查项目	允许偏差		检查方法
		单位	数值	
1	型钢长度	mm	±10	用钢尺量
2	型钢垂直度	%	<1	经纬仪
3	型钢插入标高	mm	±30	水准仪
4	型钢插入平面位置	mm	10	用钢尺量

6.2.2 水泥土桩墙的施工技术

6.2.2.1 水泥土桩墙支护工程的施工当桩体采用高压喷射注浆或水泥土搅拌法施工时,其技术要求除应遵循本指南3.9.2或3.10.2中的有关规定外,尚应符合下列要求:

(1)高压喷射注浆施工宜按现场试喷确定的工艺参数作业,旋喷和摆喷的固结体切割搭接宽度不宜小于150mm;定喷的固结体切割搭接宽度不宜小于200mm；

（2）水泥土搅拌桩施工切割搭接应在水泥土固化前进行，其切割搭接宽度不宜小于150mm；

（3）水泥土搅拌桩相邻桩的切割搭接时间不宜大于24h，如间隔时间过长使得相邻桩无法搭接时，应采取局部补桩或注浆等补强措施；

（4）当高压喷射桩或水泥土搅拌桩不考虑止水作用时，其切割搭接宽度不宜小于100mm。

6.2.2.2 根据土层性质、设计强度和功能的要求，需要在施工过程中加入外加剂或掺和料时，其适宜性和加入数量应通过试验确定。对于局部需要扩大加固范围或提高强度的部位应采取复喷或复搅措施。

6.2.2.3 水泥土桩的垂直度偏差不得大于0.5%；桩位偏差不得大于50mm；成桩直径不得小于设计值。

6.2.2.4 加筋水泥土墙的插筋应在水泥土桩施工完成且未固化时立即进行。加筋插入桩体截面的位置和出露长度应符合设计要求。

6.2.3 水泥土桩墙的检验

6.2.3.1 水泥土桩检验宜采用轻型动力触探（N_{10}）、浅部开挖桩头和钻孔取芯等手段检查成桩质量，施工质量若不符合设计要求应及时调整施工工艺和参数。

6.2.3.2 采用轻型动力触探（N_{10}）检查每米桩身的均匀性，检验应在成桩后3日内进行。检验数量为施工总桩数的

1%,且不少于3根。

6.2.3.3 采用浅部开挖桩头检验,检验应在成桩7日后进行,开挖深度宜超过停浆面标高下500mm。目测检查水泥土桩的均匀性,量测水泥土桩的直径,检验数量为施工总桩数的5%。

6.2.3.4 水泥土墙应在设计开挖龄期采用钻孔取芯法检测墙身的完整性,并应根据设计要求取芯样进行单轴抗压强度试验。钻孔取芯检验数量不宜少于总桩数的1%,且不应少于3根。

6.2.3.5 检验点应在下列部位选取:
(1)有代表性的桩位;
(2)施工中出现异常情况的部位;
(3)地质情况复杂,可能对水泥土桩质量产生影响的部位;
(4)相邻水泥土桩搭接部位。

6.2.4 水泥土桩墙施工应注意的事项

6.2.4.1 水泥土搅拌桩施工前,应进行成桩工艺及水泥掺入量和水泥浆的配合比试验,以确定相应的水泥掺入比和水泥浆水灰比。高压喷射注浆桩施工前应通过试喷试验,确定不同土层旋喷固结体的最小直径、高压喷射施工技术参数等。

6.2.4.2 水泥土搅拌桩施工中,搅拌机搅拌下沉时不宜冲水,当遇到硬土层搅拌下沉太慢时,方可适量冲水,但应考虑冲水对桩身强度的影响。

6.2.4.3 水泥土搅拌桩施工过程中，搅拌头的直径应定期检查，其磨损量不得大于10mm，以保证水泥土搅拌桩的施工直径满足设计要求。

6.2.4.4 高压喷射注浆过程中出现压力骤然下降、上升或冒浆异常时，应查明原因并及时采取措施。

6.2.4.5 高压喷射注浆施工中应做好泥浆处理，及时将泥浆外运或在现场短期堆放后作土方运出。

6.3 锚杆及土钉墙支护工程

6.3.1 适用范围与验收标准

6.3.1.1 锚杆及土钉墙支护系指采用锚杆及土钉加固的基坑侧壁土体与护面等组成的支护结构，适于非软土场地和对基坑边的变形要求不高的基坑支护，土钉墙墙面坡度不宜大于1:0.1。锚杆及土钉墙支护工程基坑深度不宜大于12m；当地下水位高于基坑底面时，应采取降水或止水帷幕措施。

6.3.1.2 锚杆及土钉墙支护工程验收必须以确保支护结构安全和周围环境安全为前提。当设计无特殊要求时，可按表6.1.1.3的规定进行验收。

6.3.1.3 锚杆及土钉墙施工质量验收应符合设计要求和《建筑地基基础工程施工质量验收规范》（GB 50202—2002）的有关规定，工程质量检验应符合表6.3.1.3的规定。

锚杆及土钉墙支护工程质量检验标准 表6.3.1.3

项	序	检查项目	允许偏差或允许值		检查方法
			单位	数值	
主控项目	1	锚杆或土钉长度	mm	±30	用钢尺量
	2	锚杆承载力	设计要求		现场实测
一般项目	1	锚杆或土钉位置	mm	±100	用钢尺量
	2	钻孔倾斜度	°	±3	测钻机倾角
	3	浆体强度	设计要求		试样送检
	4	注浆量	大于理论计算浆量		检查计量数据
	5	土钉墙厚度	mm	±10	用钢尺量
	6	墙体强度	设计要求		试样送检

6.3.2 锚杆及土钉墙施工技术

6.3.2.1 锚杆及土钉墙施工前应熟悉地质资料、设计图纸及周围环境，保证必须的施工设备如挖掘机、钻机、压浆泵、搅拌机和降水系统等应能正常运转。

6.3.2.2 锚杆及土钉墙施工应按设计要求自上而下分段分层施工。每层土方开挖宜挖至锚杆或土钉标高下500mm以内，再进行锚杆及土钉墙施工，严禁超挖。上层土钉注浆体及喷射混凝土面层达到设计强度的70%后方可开挖下层土方及下层土钉墙施工。

6.3.2.3 土方开挖至锚杆及土钉施工面标高（锚杆或土钉标高下500mm）后，应辅以人工修整坡面，坡面平整度的允许偏差宜为±20mm，并应清除坡面虚土。

6.3.2.4 施工中应对锚杆或土钉位置，钻孔直径、深度及角度，锚杆或土钉插入长度，注浆配比、压力及注浆量，喷射混凝土面层厚度及强度，锚杆或土钉承载力等进行检查并记录。

6.3.2.5 锚杆及土钉必须和土钉墙面层有效连接，锚杆或土钉与面层连接的承压板（梁）或加强钢筋等的施工必须符合设计要求。

6.3.2.6 锚杆施工技术

（1）锚杆杆体制作：锚杆杆体制作时应比设计长出 1.0~1.5m，以满足锁定需要，定位骨架间距 1.5~2.0m，钢绞线用铁丝均匀捆于骨架周围。在锚杆自由段，钢绞线应以塑料套管包裹，以保证钢绞线与水泥浆体间有效的隔离，一次注浆管距孔底宜为 100~200mm，二次注浆管宜与锚杆体绑扎在一起，出浆孔应进行密封处理。

（2）注浆材料：浆体应按设计要求配制，一次灌浆宜选用灰砂比 1:1~1:2，水灰比 0.38~0.45 的水泥砂浆，或水灰比 0.45~0.5 的水泥浆，其强度等级不宜低于 M10。二次高压注浆宜使用水灰比 0.45~0.55 的水泥浆。

（3）一次注浆：注浆宜采用慢速连续注浆，直至钻孔内的水及杂质被完全置换出孔口，孔口流出水泥浓浆为止，并随即将一次注浆管拔出。

（4）二次高压注浆：注浆压力宜控制在 2.5~5.0MPa 之间，注浆时间可根据注浆工艺试验确定或一次注浆锚固体强度达到 5MPa 后进行。

（5）锚杆张拉锁定：锚杆的张拉与施加预应力（锁定）

应在锚固体强度大于15MPa并达到设计强度等级的75%后方可进行；锚杆宜张拉至设计荷载的0.9~1.0倍后，再按设计要求锁定；锚杆张拉锁定后的轴向应力不应超过锚杆杆体强度标准值的0.75倍；锚杆张拉顺序应考虑对邻近锚杆的影响。

6.3.2.7 土钉施工技术

（1）成孔：土钉成孔可采用人工洛阳铲或机械成孔，成孔施工允许偏差应符合表6.3.2.7的要求。成孔过程中应做好成孔记录，并将取出的土样与设计要求进行对比，有差异时要及时修改设计参数。成孔后应进行清孔，对孔中的局部渗水塌孔或掉落的松土及时进行处理；

土钉成孔施工允许偏差表   表6.3.2.7

序号	检查项目	允许偏差
1	孔深	±50mm
2	孔径	±5mm
3	孔距	±100mm
4	成孔倾角	±3°

（2）土钉制作安放：对复检合格的钢筋按设计要求制作土钉杆体，钢筋焊接长度满足双面焊$5d$，单面焊$10d$。并按设计要求加焊定位支架，定位支架间距宜为1.5~2.0m。

（3）注浆材料：注浆材料宜选用水泥浆或水泥砂浆，浆体应按设计要求配制。水泥浆的水灰比宜为0.5，水泥砂浆的配合比宜为灰砂比1:1~1:2、水灰比0.38~0.45，其强度等级不宜低于 M10。水泥浆或水泥砂浆应拌和均匀，随拌随用，一次拌和的水泥浆、水泥砂浆应在其初凝前使用。

（4）注浆：注浆时，注浆管应插至孔底 250~500mm 处，孔口部位宜设置止浆塞及排气管。一次注浆完成后 2.0h 内宜进行二次补浆。

6.3.2.8　土钉墙喷射混凝土面层施工技术

（1）钢筋网铺设：钢筋网片采用焊接连接或弯勾绑扎连接，同一截面接头数不应大于总钢筋数的 50%，接头错位距离不小于 $40d$。钢筋网应符合表 6.3.2.8 的要求。网片外侧应按设计要求加焊加强筋。采用双层钢筋网时，第二层钢筋网应在第一层钢筋网被混凝土覆盖后铺设。

（2）喷射混凝土：喷射混凝土前应按设计要求安装好坡面上的泄水导管并在施工过程中加以疏通和保护。喷射混凝土施工应严格按配比要求计量，喷射作业应分段进行，同一分段内喷射顺序应自下而上，喷射时喷头与受喷面应保持垂直，距离宜为 0.6~1.0m。

钢筋网施工验收标准　　　表 6.3.2.8

序号	检查项目	质量要求
1	上下段钢筋网搭接长度	焊接：$>10d$；绑扎：>300mm
2	混凝土保护层厚度	>20mm
3	钢筋间距允许误差	±20mm

（3）养护：喷射混凝土终凝 2 小时后应喷水养护，养护

时间根据气温确定,宜为 3~7 小时。冬期在负温条件下应按《建筑工程冬期施工规程》(JGJ 104—1997)中的有关要求,对混凝土坡面采取有效的防冻措施,如掺入防冻剂、用保温材料对其表面进行覆盖等。

6.3.3 锚杆及土钉墙支护工程的质量检验

6.3.3.1 锚杆及土钉墙支护工程的施工质量应符合设计要求。其检验项目和质量检验标准应符合《建筑地基基础工程施工质量验收规范》(GB 50202—2002)的有关规定。

6.3.3.2 锚杆抗拔检测的数量应取锚杆总数的5%且不少于3根,其检测试验方法应符合《建筑基坑支护技术规程》(JGJ 120—99)附录 E 的规定。

6.3.3.3 土钉抗拔检测的数量每一典型土层不应少于3根,其检测试验方法应符合《基坑土钉支护技术规程》(CECS96:97)中土钉现场测试的有关规定。

6.3.3.4 土钉墙支护工程喷射混凝土强度应通过预留试块的抗压强度进行检验,其数量为每个作业台班不应少于一组(三块)。墙体的厚度采用钻孔法量测,其数量每 $100m^2$ 不应少于3点。

6.3.3.5 锚杆及土钉墙支护工程验收时,应提供下列资料:

(1)工程地质勘察报告及周边建筑物及地下管线分布图;
(2)各种原材料的出厂(场)合格证及其复试报告;
(3)钢筋焊接的抗拉强度试验报告;

（4）各道工序的施工记录；

（5）锚杆或土钉现场抗拔试验检测报告；

（6）隐蔽工程检查验收记录；

（7）设计变更及工程重大事故处理文件；

（8）基坑变形及周边环境（包括建筑物及地下设施）监测报告；

（9）竣工图。

6.3.4 锚杆及土钉墙施工注意的事项

6.3.4.1 锚杆及土钉孔注浆应连续进行，注浆中途因故停顿时间超过30min时，应用水或稀水泥浆润滑注浆泵及其管路，以防止水泥浆凝固导致管路堵塞。

6.3.4.2 对于锚固体的二次注浆应在第一次注浆形成的水泥固结体强度达到5.0MPa后分段依次由下而上进行。注浆压力和注浆时间宜根据锚固体的体积确定。

6.3.4.3 预应力锚杆台座的承压面应平整，并与锚杆的轴线方向垂直。

6.3.4.4 锚杆张拉锁定后，如发现所加预应力有明显损失现象时，应及时进行补偿张拉。

6.3.4.5 土钉端部通过锁定筋与混凝土面层的加强筋连接应焊接牢固；当土钉端部采用螺母和垫板与混凝土面层连接时，宜在土钉端部600~800mm长的区段内与土体隔离而形成自由段以便螺母拧紧，同时将垫板与面层之间的空隙用高强水泥砂浆填平。

6.3.4.6 锚杆及土钉墙面层施工时,应在面层中设置泄水孔,待渗水处理后,再进行喷射混凝土的施工。

6.3.4.7 雨期施工应注意下列问题:

(1) 水泥、砂、石等材料应做好防雨措施,防止水泥、砂、石等材料因遭雨淋而影响混凝土面层的施工质量和进度。

(2) 刚施工完成的喷射混凝土面层,若遇大雨,应采取有效的覆盖措施,防止雨水对混凝土面层的冲刷。

(3) 基坑顶面应采用砂浆或混凝土护面,坡顶和坡脚应设排水措施。

6.3.4.8 土方开挖完成的区段应及时进行锚杆或土钉、挂网喷射混凝土施工,减少坡面的暴露时间,有必要时可先进行挂网喷射混凝土施工,再进行锚杆或土钉施工。

6.4 钢或混凝土支撑系统

6.4.1 适用范围与验收标准要求

6.4.1.1 钢或混凝土支撑系统是由钢或混凝土腰梁、支撑和立柱构件组成的、用于保持基坑支护结构及周边环境安全稳定的平面或空间结构。钢或混凝土支撑系统应与排桩或地下连续墙联合使用。在土层较好的场地采用钢或混凝土支撑系统支护,应与锚杆支护进行合理性、经济性、施工可行性、工期等多方面对比后选用。

6.4.1.2 钢或混凝土支撑系统施工质量验收应符合设计

要求和《建筑地基基础施工质量验收规范》(GB 50202—2002)的有关规定，其质量验收项目的质量检验标准列于表6.4.1.2。

钢或混凝土支撑系统验收项目质量检验标准

表6.4.1.2

项	序	检查项目	允许偏差或允许值		检查方法
			单位	数值	
主控项目	1	支撑位置：标高 平面	mm mm	30 100	水准仪 用钢尺量
	2	预加顶力	kN	±50	油泵读数或传感器
一般项目	1	腰梁标高	mm	30	水准仪
	2	立柱桩	参见桩基础部分		参见桩基础部分
	3	立柱位置：标高 平面	mm mm	30 50	水准仪 用钢尺量
	4	开挖超深（开槽放支撑不在此范围）	mm	<200	水准仪
	5	支撑安装时间	设计要求		用钟表量测

6.4.2 钢或混凝土支撑系统施工技术

6.4.2.1 支撑结构体系的安装和拆除应分别与土方开挖和地下结构施工的工况协调一致，严格按照施工组织设计的要求作业。

6.4.2.2 支撑结构体系的安装应符合下列要求：

（1）基坑开挖应分层进行，遵循先支撑后挖土的原则；

（2）土方开挖至设计标高的区段内应及时安装支撑并应

检测支撑的可靠度，严禁超挖；

（3）钢结构支撑宜用工具式接头，并配备有专人管理的千斤顶以计量和控制杆件的预加应力，预应力的控制值一般不应小于支撑杆件轴力设计值的50%且不大于75%；

（4）现浇混凝土支撑体系在其强度达到设计值的80%以上，方可开挖下层土。

6.4.2.3 钢支撑结构所用钢管、型钢以及焊接材料和连接紧固件的品种、规格和性能等指标应符合设计要求和现行国家产品标准并经复试检验合格方可使用。

6.4.2.4 钢结构支撑的现场安装节点应尽量设置在纵横向支撑的交汇点附近。钢结构支撑构件长度的拼接宜采用高强螺栓连接或焊接，安装节点及拼接点的强度不应低于构件截面强度。对于格构式组合构件，不应采用钢筋作为缀条连接。

6.4.2.5 钢腰梁的现场拼接点位置应尽量设置在支撑点附近，并不应超过腰梁计算跨度的三分点。

6.4.2.6 钢材切割前，应将钢材表面切割区域内的铁锈、油污等清除干净，切割后，断口上不得有裂纹和大于1.0mm的缺棱，并应清除边缘上的熔瘤和飞溅物等。切割表面与钢材表面的垂直度偏差不大于钢材厚度的10%，且不得大于2.0mm。

6.4.2.7 各支撑杆件组装前，连接表面及沿焊缝每边30~50mm范围内的铁锈、毛刺、油污等必须清理干净。

6.4.2.8 焊工必须经考试合格并取得合格证书。持证焊工必须在其考试合格项目及其认可范围内施焊。严禁在焊缝区以外的母材上打火引弧。在坡口内起弧的局部面积应熔焊一次,不得留下弧坑。对接和T形接头的焊缝,应在焊体的两端配置引入和引出板,其材质和坡口形式应与焊件相同。焊接完毕用气割切除并修磨平整,不得用锤击落。

6.4.2.9 现浇混凝土支撑结构体系施工所用原材料如混凝土、钢筋和其他配料应有出厂(场)合格证并经复试合格后方可使用。

6.4.2.10 模板的材料宜选用钢材、胶合板、塑料等材料,模板支架的材料宜选用钢材,材料的材质应符合有关的专门规定。当采用木材时,其树种可根据各地区实际情况选用,材质不宜低于Ⅲ等材。

6.4.2.11 模板及其支架必须符合下列规定:

(1)保证混凝土支撑各构件各部分形状尺寸和相互位置的正确;

(2)具有足够的承载能力、刚度和稳定性,能可靠地承受新浇筑混凝土的自重和侧压力以及施工荷载;

(3)构造简单,装拆方便,并便于钢筋绑扎、安装和混凝土浇筑、养护等操作;

(4)模板安装应满足下列要求:

1)模板的接缝不应漏浆;在浇筑混凝土前,木模板应浇水湿润,但模板内不应有积水。

2)模板与混凝土的接触面应清理干净并涂刷隔离剂。严禁隔离剂沾污钢筋及混凝土浇筑面。

6.4.2.12 混凝土支撑系统可采用土模,但必须保证各部分形状尺寸的正确，不得产生影响构件质量的下沉、裂缝、起砂或起鼓。底模、侧模必须有保证混凝土水分不散失的可靠措施。

6.4.2.13 当混凝土支撑跨度不小于4m时，模板应按设计要求起拱；当设计无要求时，起拱高度宜为全跨长度的1/1000~3/1000。

6.4.2.14 模板和支架拆除时的混凝土强度，应符合设计要求；当设计无特殊要求时，应符合下列规定：

（1）在混凝土强度能保证其表面及棱角不因拆除模板而受损后，方可拆除侧模；

（2）在混凝土强度达到设计强度的80%后方可拆除底模。

6.4.2.15 支撑结构各杆件的钢筋骨架和混凝土制备浇注除符合设计要求和《混凝土结构工程施工质量验收规范》（GB 50204—2002）的要求外，尚应特别注意各杆件交汇点及端点处受力钢筋和箍筋的焊接及混凝土浇注和振捣质量。

6.4.2.16 混凝土支撑结构的施工缝应设置在剪力较小且便于施工部位。第二次浇注时应符合下列要求：

（1）已浇筑混凝土的抗压强度不应小于1.2MPa；

（2）接缝处按冷缝进行处理，即清除水泥薄膜和松动的粗骨料以及软弱的混凝土面层，并认真清扫和用水冲洗干净且不得有积水；

（3）在已硬化的混凝土表面涂刷界面剂或水泥浆后浇注新的混凝土并捣实，使新旧混凝土紧密结合为一体。

6.4.2.17 已浇注完的混凝土应及时覆盖和浇水养护。

6.4.3 钢或混凝土支撑系统的质量检验

6.4.3.1 钢或混凝土支撑系统的施工质量应符合设计要求和《建筑地基基础工程施工质量验收规范》（GB 50202—2002）的有关规定。

6.4.3.2 钢或混凝土支撑系统在施工过程中对结构的平面外稳定性和各杆件的稳定性及变形应及时按施工组织设计的要求进行测量，并将测量监视的记录和分析评价资料交主管部门和监理单位的技术主管审批。当发现事故苗头时应采取有效措施确保其安全。

6.4.3.3 钢或混凝土支撑系统的施工各工序的质量应经过班组自检、施工单位检验和监理单位检查验收三级检查并做好检验记录。

6.4.3.4 竣工验收时应提交下列资料：

（1）支护工程的岩土工程勘察报告和设计图纸及施工组织设计；

（2）施工所用材料、型材的出厂（场）合格证和复试报告；

（3）支撑系统的施工和土方开挖记录；

（4）混凝土试块抗压强度试验报告及钢筋接头连接强度的试验报告；

（5）支撑系统和基坑以及周边建筑物、设施的变形监测报告；

（6）设计变更通知单和质量事故处理资料；

（7）竣工图。

6.4.4 钢或混凝土支撑系统施工应注意的事项

6.4.4.1 施工技术人员和操作者应充分理解支撑系统设计意图，严格按设计图纸和要求精心施工。严禁不经设计人员允许擅自修改设计。

6.4.4.2 支撑系统施工的关键是保证系统的整体稳定性和各杆件的刚度和强度。为此，在施工过程应加强对支撑体系和基坑变形的监测和分析评价。

6.4.4.3 施工过程中要严格控制各杆件轴线及交汇点处的偏心距。支撑端点与支护结构（如排桩处的腰梁或地下连续墙内壁）接触承压板与垫板应紧密结合。对现浇混凝土支撑杆件应加强模板的刚度和制作尺寸偏差的限制，使杆件尺寸准确。

6.4.4.4 长度大的钢支撑中间应设置三向约束结构，单向或双向加预应力时应在杆件的两端同时施加且不应使节点产生过大位移，严防一处失稳而导致整体支撑系统失效而造成灾难性事故。

6.4.4.5 钢支撑系统的立柱应有足够的抗沉降和抗隆起的安全度。当基坑内设置基桩时应以基桩作为钢立桩的基础，现浇混凝土支撑系统应以基桩作立桩。

6.4.4.6 斜向支撑的端点应连接于支护结构预埋支托钢板上。连接处的焊缝或螺栓的抗剪强度的安全度不应小于2.0。

6.4.4.7 随时注意温度变化对支撑体系和支护结构内力和变形的影响。

6.4.4.8 支撑的安设和拆除应严格按照施工工况有序进行。严禁挖土或结构施工机械碰撞支撑结构。混凝支撑体系采用爆破法拆除前，必须对周边环境建筑物采取有效的防护措施。

6.4.4.9 利用主体结构换撑时，应满足下列要求：

（1）除符合支撑结构设计要求外，主体结构的楼板或底板混凝土强度达到设计强度的80%以上；

（2）在主体结构与支护结构之间设置可靠的换撑传力构造；

（3）在主体结构楼盖局部缺少部位，应按支护设计要求和支撑力传递的要求在适当部位设置临时支撑结构，支撑截面应按换撑传力要求，由计算确定；

（4）当主体结构的底板和楼板分块施工或设置后浇带时，应在分块或后浇带的适当部位设置可靠的传力构件。

6.5 地下连续墙

6.5.1 适用范围与验收标准要求

6.5.1.1 地下连续墙是以泥浆护壁机械成槽水下灌注混凝土在地基土中筑成的连续的混凝土或钢筋混凝土墙壁，具有支护、防渗、承重等用途。当用于基坑支护工程时，也可与预应力锚杆或内支撑结构联合使用,地下连续墙也可单独使用形成悬臂结构。

6.5.1.2 地下连续墙施工质量验收应符合设计要求和《建筑地基基础工程施工质量验收规范》(GB 50202—2002)的有关规定,其质量验收项目的质量检验标准列于表6.5.1.2。

地下连续墙验收项目与质量检验标准　　　表6.5.1.2

项	序	检查项目		允许偏差或允许值		检查方法
				单位	数值	
主控项目	1	墙体强度		设计要求		查试件记录或取芯试压
	2	垂直度:永久结构 临时结构			1/300 1/150	测声波测槽仪或成槽机上的监测系统
一般项目	1	导墙尺寸	宽度 墙面平整度 导墙平面位置	mm mm mm	W+40 <5 ±10	用钢尺量,W为地下墙设计厚度 用钢尺量 用钢尺量
	2	沉渣厚度:永久结构 临时结构		mm mm	≤100 ≤200	重锤测或沉积物测定仪测
	3	槽深		mm	+100	重锤测
	4	混凝土坍落度		mm	180~220	坍落度测定器
	5	钢筋笼尺寸		见表4.5.3.1-1		见表4.5.3.1-1
	6	地下墙表面平整度	永久结构 临时结构 插入式结构	mm mm mm	<100 <150 <20	此为均匀黏土层,松散及易坍土层由设计决定
	7	永久结构时的预埋件位置	水平向 垂直向	mm mm	≤10 ≤20	用钢尺量 水准仪

6.5.2 地下连续墙施工技术

6.5.2.1 导墙施工

(1) 槽段开挖前，应沿地下连续墙墙面两侧构筑导墙；导墙一般采用现浇钢筋混凝土结构，也可采用预制钢筋混凝土或其他材料构筑；

(2) 现浇的导墙宜筑于坚实的地基上，背后需回填时，应用黏土分层夯实，不得漏浆。预制钢筋混凝土导墙安装时，必须保证接头连接质量；

(3) 导墙深度一般为 1~2m，墙顶高出施工地面 0.1~0.2m；

(4) 现浇导墙在拆模后，应及时在墙间加设支撑，现浇导墙达到设计强度前，重型施工机械设备不得在导墙附近作业或停留，以防导墙损坏或位移；

(5) 导墙内墙面应垂直，净距为地下连续墙设计厚度加不大于 40mm 的施工余量。墙面与纵轴线距离的允许偏差为 ±10mm，内外导墙间距允许偏差为 ±5mm，墙面不平整度小于 5mm。

6.5.2.2 槽段开挖

(1) 地下连续墙单元槽段的划分，应综合考虑施工场地的工程地质和水文地质条件、成槽设备、起吊能力和钢筋笼重量、槽壁稳定等因素。槽段划分应由设计确定，单元槽段长度一般为 4~8m；

(2) 地下连续墙的槽壁及接头均应保持垂直，垂直度偏差应满足质量检验标准，接头处相邻两槽段的挖槽中心线，在任一深度的偏差值，不得大于墙厚的 1/4；

（3）地下连续墙成槽时应加强观测槽壁的稳定性、垂直度、泥浆漏失情况。当槽壁坍塌严重时，应及时回填并重新成槽；

（4）槽段开挖结束后，应检查槽位、槽深、槽宽、及槽壁垂直度等，合格后方可进行清槽换浆；

（5）钢筋笼入槽前，应采用底部抽吸和顶部补浆的方法对槽底泥浆、沉淀物进行置换和清除。清底1h后，槽底以上200mm处的泥浆相对密度应不大于1.20，沉淀物淤积厚度不大于200mm。

6.5.2.3 泥浆

（1）泥浆拌制，宜优先选用膨润土。使用前应取样进行配比试验。如采用其他黏土时，应进行物理、化学分析和矿物鉴定，其黏粒含量应大于50%、塑性指数大于20、含砂量小于5%、二氧化硅与三氧化二铝含量的比值宜为3~4。

（2）泥浆拌制和使用时必须检验，不合格的泥浆应及时处理。泥浆的性能指标应通过试验确定。在一般软土层成槽时，可按表6.5.2.3采用。

（3）在施工期间，槽内泥浆面必须高于地下水位0.5m以上，亦不应低于导墙顶面0.3m。施工场地应设置集水井和排水沟，防止地表水流入槽内破坏泥浆性能。如地下水含盐或泥浆受到化学污染时，应采取措施保证泥浆质量。

（4）泥浆应放置24h以上或加分散剂，使膨润土或黏土充分水化后方可使用。

（5）泥浆回收，可采用振动筛、旋流器、沉淀池或其他方法净化处理后重复使用。

泥浆的性能指标　　　表 6.5.2.3

项次	项目	性能指标	检验方法
1	相对密度	1.05~1.25	泥浆比重计
2	黏度	18~25s	500ml/700ml 漏斗法
3	含砂量	<4%	
4	胶体率	>98%	量杯法
5	失水量	<30ml/30min	失水量仪
6	泥皮厚度	1~3mm/30min	失水量仪
7	静切力（1min）	20~30mg/cm²	静切力计
	静切力（10min）	50~100mg/cm²	静切力计
8	稳定性	≤0.02g/cm³	
9	pH 值	7~9	pH 试纸

（6）在容易产生泥浆渗漏的土层施工时，应适当提高泥浆黏度和增加储备量，并备堵漏材料。如发生泥浆渗漏，应及时补浆和堵漏，使槽内泥浆保持正常液面。

6.5.2.4　钢筋笼制作及安装

（1）钢筋笼的尺寸应根据单元槽段、接头形式及现场起重能力等确定，并应在制作台上成型和预留插放混凝土导管的位置；

（2）分节制作的钢筋笼，应在制作台上预先进行试装配，接头处纵向钢筋的预留搭接长度应符合设计要求；

（3）为保证钢筋的保护层厚度和钢筋笼在吊运过程中具有足够的刚度，可分别采用保护层垫件、纵向钢筋桁架及主筋平面的斜向拉条等措施；

（4）钢筋笼应在清槽换浆合格后立即安装，在运输入槽过程中，不应产生不可恢复的变形，不得强行入槽。浇筑混凝土时，钢筋笼不得上浮。钢筋笼的吊点设置、起吊及固定的方式应符合设计和施工要求。

6.5.2.5 混凝土浇筑和接缝处理

（1）混凝土的配合比应按设计要求，通过试验确定，水灰比不应大于0.6；水泥用量不宜少于370kg/m³；坍落度宜为180~20mm；扩散度宜为340~380mm。

（2）配制混凝土的骨料宜选用中、粗砂及粒径不大于40mm的卵石或碎石。水泥宜采用普通硅酸盐水泥或矿渣硅酸盐水泥，并可根据需要掺外加剂。

（3）槽段接头和钢筋笼就位后，应检查沉淀物厚度并在4h以内浇筑混凝土，超过时应重新清底。浇筑混凝土应采用导管法，槽内混凝土面上升速度不应小于2m/h；导管埋入混凝土内的深度不得小于1.5m，亦不宜大于6m。

（4）在浇筑过程中，应采取防止污染泥浆的措施。

（5）在单元槽段内，同时使用两根以上导管浇筑时，其间距一般不应大于3m。导管距槽段端部不宜大于1.5m，各导管处的混凝土表面的高差不宜大于0.3m。

（6）浇筑混凝土时，灌注顶面宜高于设计标高300~500mm，凿去浮浆层后的墙顶标高，应符合设计要求。

(7) 各单元槽段之间所选用的接头方式，应符合设计要求。槽段接头应能承受混凝土的侧压力，并应避免混凝土绕过接头进入另一个槽段。

(8) 清刷接头面，应在换浆前进行。

(9) 当采用圆管接头时，浇筑混凝土时，应经常转动及提动接头管。拔管时，不得损坏接头处的混凝土。

6.5.3 地下连续墙的质量检验

6.5.3.1 地下连续墙的施工质量应满足设计要求和《建筑地基基础工程施工质量验收规范》（GB 50202—2002）的有关规定。

6.5.3.2 地下连续墙工程施工过程中应对下列工序中间验收并填写隐藏工程验收记录：

（1）每一单元槽段的开挖、钢筋笼制作及安装、清槽及换浆和混凝土浇注等工序完成后，应进行检验并保持记录；

（2）需要开挖一侧土方的地下连续墙，开挖后应对墙面的平整度和实测倾斜度、混凝土浇筑质量、各槽段的接缝质量（包括墙体夹泥和渗漏情况）进行检验并作好记录；

（3）竣工验收时，应提交下列资料：

1）单元槽的中间验收记录；

2）施工所用材料的质量合格证和复试报告；

3）钢筋焊接接头的强度试验报告；

4）混凝土试块的强度试验报告；

5）设计变更通知单和工程质量事故处理资料；

6）地下连续墙的施工竣工图。

6.5.4 地下连续墙施工注意事项

6.5.4.1 地下连续墙的施工，应考虑对周围环境的保护要求，主要有：

（1）成槽及基坑开挖过程中对邻近建筑物、构筑物、地下管线等的影响；

（2）施工过程中噪声、振动及废弃泥浆等对居民、市容的影响。

6.5.4.2 地下连续墙施工前宜先试成槽，以检验泥浆的配比、成槽机械的选型并复核地质资料。

6.5.4.3 作为永久结构的地下连续墙，其抗渗质量标准应符合现行国家标准《地下防水工程质量验收规范》(GB 50208—2002) 的规定。

6.5.4.4 地下连续墙槽段间的连接接头形式，应根据地下连续墙的使用要求选用，除按设计要求外，且应考虑施工单位的施工经验和设备能力。在浇筑混凝土前，接头必须洗刷干净，不留泥砂或污物。

6.5.4.5 地下连续墙作为永久性结构时，为消除墙底沉渣及提高地下连续墙的垂直承载力，按设计的要求严格控制沉渣厚度或对墙底沉渣采取加固处理措施。

6.6 沉井与沉箱

6.6.1 适用范围与验收标准要求

6.6.1.1 沉井、沉箱是在地表预制井（箱）内挖土主要靠自重下沉至设计深度的深基础。与其他的深基础相比，具有占地面积小、挖土量少、对周边环境影响较小等优点，适用于用地与环境条件受到限制或基础埋深较大的地下构筑物及市政工程，是软土地区大、重型建筑物的主要基础形式之一。

6.6.1.2 沉井与沉箱质量验收应符合设计要求和《建筑地基基础工程施工质量验收规范》（GB 50202—2002）的有关规定，其验收项目和质量检验标准列于表6.6.1.2。

沉井与沉箱验收项目与质量检验标准　　表6.6.1.2

项	序	检查项目	允许偏差或允许值		检查方法
			单位	数值	
主控项目	1	混凝土强度	满足设计要求（下沉前必须达到70%设计强度）		查试件记录或抽样送检
	2	封底前，沉井（箱）的下沉稳定	mm/8h	<10	水准仪
	3	封底结束后的位置： 刃脚平均标高 （与设计标高比） 刃脚平面中心线位移四角中任何两角的底面高差	mm	<100 <1%H <1%L	水准仪 经纬仪，H为下沉总深度，$H<10m$时，控制在100mm之内 水准仪，L为两角的距离，但不超过300mm，$L<10m$时，控制在100mm之内

续表

项	序	检查项目	允许偏差或允许值		检查方法
			单位	数值	
一般项目	1	钢材、对接钢筋、水泥、骨料等原材料检查	符合设计要求		查出厂合格证或抽样送检
	2	结构体外观	无裂缝、无蜂窝、空洞、不露筋		直观
	3	平面尺寸：长与宽 曲线部分半径 两对角线差 预埋件	% % % mm	±0.5 ±0.5 1.0 20	用钢尺量，最大控制在100 mm 之内 用钢尺量，最大控制在50mm 之内 用钢尺量 用钢尺量
	4	下沉过程中的偏差 高差	%	1.5~2.0	水准仪，但最大不超过1m
		下沉过程中的偏差 平面轴线		<1.5%H	经纬仪，H 为下沉深度，最大应控制在 300 mm 之内，此数值不包括高差引起的中线位移
	5	封底混凝土坍落度	mm	180~220	坍落度测定器

注：主控项目3的三项偏差可同时存在，下沉总深度系指下沉前后刃脚之高差。

6.6.2 沉井与沉箱施工技术

6.6.2.1 沉井与沉箱就地预制应符合如下要求：

（1）制作沉井、沉箱的场地应预先清理整平。土质松软或软硬不均匀的表面层，应予更换或加固处理。

（2）制作沉井、沉箱的施工场地和水中筑岛的地面标高，应比从制作至开始下沉期间内其周围水域最高水位（加浪高）高 0.5m 以上。在基坑中制作时，基坑底面应比从制作至开始下沉期间内的最高地下水位高 0.5m 以上，并应防止积水。

（3）制作和下沉沉井、沉箱的水中筑岛四周应设有护道，其宽度为：有围堰时不得小于1.5m；无围堰时不得小于2m。岛侧边坡应稳定，并符合抗冲刷的要求。

（4）水中筑岛应采用透水性好和易于压实的砂或其他材料填筑，不得采用黏性土。冬期筑岛时，应清除冰冻层，不得用冻土填筑。

（5）采用无承垫木法制作沉井时，应通过计算确定地基的承载力和变形是否满足要求。在均匀土层上制作沉井时，可采用铺筑一层与井壁宽度相适应的混凝土代替承垫木和砂垫层，或采用土模以及其他方式制作沉井的刃脚部分。

（6）采用土模应符合下列规定：

1）填筑土模宜用黏性土。如用砂填筑，应采取措施保证其坡面。如地下水位低、土质较好时，可直接开挖成型；

2）土模及土模下地基的承载力应符合要求；

3）应保证沉井的设计尺寸；

4）有良好的防水、排水措施；

5）浇水养护混凝土时，应防止土模产生不均匀沉陷。

（7）当采用承垫木法制作沉井、沉箱时，砂垫层铺筑厚度应根据扩散沉井、沉箱重量的要求由计算确定，并应便于抽出承垫木。

（8）沉井、沉箱刃脚下承垫木的数量、尺寸及间距应由计算确定。垫木之间，应用砂填实。

（9）分节下沉的沉井接高前，应进行稳定性计算。如不符合要求，可根据计算结果采取井内留土、灌水、填砂（土）

等措施，确保沉井稳定。

（10）沉井、沉箱制作的允许偏差，不得超过表6.6.1.2的规定。

（11）沉井接高的各节竖向中心线应与前一节的中心线重合。沉井外壁应平滑，如用砖砌筑，应在外壁表面抹一层水泥砂浆。

（12）沉井分节制作的高度，应保证其稳定性并能使其顺利下沉。如采用分节制作一次下沉的方法时，制作总高度不宜超过沉井短边或直径的长度，亦不应超过12m；总高度超过时，必须有可靠的计算依据和采取确保稳定的措施。

（13）分节制作的沉井，在第一节混凝土达到设计强度的70%后，方可浇筑其上一节混凝土。

（14）沉井浇筑混凝土时，应对称和均匀地进行。

（15）沉井有抗渗要求时，在抽承垫木之前，应对封底及底板接缝部位凿毛处理。井体上的各类穿墙管件及固定模板的对穿螺栓等应采取抗渗措施。

（16）冬期制作沉井时，第一节混凝土或砌筑砂浆未达到设计强度、其余各节未达到设计强度的70%前，不应受冻。

6.6.2.2 沉井的挖土下沉应根据土质条件及地下水的状况采用排水下沉和不排水下沉施工。在编制沉井工程施工组织设计时，应进行分段下沉系数的计算，作为确定下沉施工工艺选择和所采取技术措施的依据。

（1）下沉前应在井壁混凝土达到设计强度后再抽出承垫木，要分区、依次、对称、同步地实施。抽出垫木后应立即用砂将刃脚下填实。定位支点处的垫木，应最后同时抽出。

（2）当沉井所穿越的土层较稳定，不会因排水导致大量流砂涌出而塌陷时，可采用排水法下沉。如所遇土质为砂或软黏土可用压力为 2.5~3.0MPa 的高压水先将井内泥土冲成泥浆，再用吸泥机将其吸出；当遇有砂、卵石或硬黏土时，可用机械抓斗挖土。

（3）当土层不稳定且地下水涌水量很大，为防止因井内排水而产生流砂等现象时，应采用不排水法挖土下沉。井内水下出土可用机械抓斗或高压水枪破土，然后用吸泥机将泥土吸出。

（4）挖土下沉时，应分层、均匀、对称地进行，使其能均匀竖直下沉，不得有过大的倾斜。一般情况下，不应从刃脚踏面下挖土。如沉井的下沉系数较大时，应先挖锅底中间部分，沿沉井刃脚周围保留土堤，使沉井挤土下沉；如沉井的下沉系数较小时，应采取其他措施，使沉井不断下沉，中间不应有较长时间的停歇，亦不得将锅底开挖过深。

（5）由数个井孔组成的沉井，为使其下沉均匀，挖土时各井孔土面高差不应超过 1m。

（6）在软土层中以排水法下沉沉井，当沉至距设计标高 2m 时，对下沉与挖土情况应加强观测。如沉井尚不断自沉时，则应向井内灌水，改用不排水法施工，或采取其他使沉井稳定的措施；当决定沉井由不排水改为排水施工或抽除井内的灌水时，必须经过核算后慎重进行。

（7）对于下沉系数小的沉井，可根据情况分别采用泥浆润滑套或其他减阻措施进行下沉。

注：采用空气幕法下沉时，可按现行铁路、公路有关规范的规定执行。

（8）采用泥浆润滑套减阻下沉的沉井，应设置套井，顶面宜高出地面 300~500mm，其外围应回填黏土并分层夯实。沉井外壁应设置台阶形泥浆槽，宽度宜为 100~200mm，距刃脚踏面的高度宜大于 3m。为确保正常供应泥浆，输送管宜预埋在井壁内或安设在井内。

（9）沉井下沉时，槽内应充满泥浆，其液面应接近自然地面，并储备一定数量泥浆，以供下沉时及时补浆。泥浆的性能指标可按表 6.5.2.3 选用。

（10）采用泥浆润滑套的沉井，下沉至设计标高后，泥浆套应按设计要求进行处理。

（11）沉井下沉过程中，每班至少测量两次，有倾斜、位移应及时纠正，并做好记录。

（12）沉井下沉至设计标高，应进行沉降观测，在 8h 内下沉量不大于 10mm 时，方可封底。

6.6.2.3 沉井的封底，沉井下沉至设计标高后应停止挖土并进行封底，封底材料一般采用素混凝土，封底方法有干封和水下封两种。

（1）沉井封底应优先采用干封，因为干封造价低，施工快且易于保证质量，但应符合下列要求：

1）沉井基底土面应全部挖至设计标高；

2）井内积水应尽量排干；

3）混凝土凿毛处应洗刷干净；

4）浇筑混凝土时，应防止沉井不均匀下沉，在软土层中封底宜分格对称进行；

5）在封底和底板混凝土未达到设计强度以前，应从封底以下的集水井中不间断地抽水。停止抽水时，应考虑沉井的抗浮稳定性，并采取相应的措施。

（2）当采用水下封底时，应特别注意素混凝土水下浇注质量，封底厚度应由混凝土强度及沉井抗浮要求计算确定。水下封底施工应符合下列要求：

1）基底为软土层时，应将井底浮泥清除干净，并铺碎石垫层；

2）基底为岩基时，岩面处沉积物及风化岩碎块等应清除干净；

3）混凝土凿毛处应洗刷干净；

4）水下封底混凝土应在沉井全部底面积上连续浇筑，当井内有间隔墙、底梁或混凝土供应量受到限制时，应预先隔断分格浇筑；

5）导管应采用直径为 200~300 mm 的钢管制作，内壁表面应光滑并有足够的强度和刚度，管段的接头应密封良好和便于装拆。每根导管上端应配有数节 1m 的短管；

6）导管的数量由计算确定，布置时应使各导管的浇筑面积相互覆盖，导管的有效作用半径一般可取 3~4m；

7）水下混凝土面平均上升速度不应小于 0.25m/h，坡度不应大于 1:5；

8）浇筑前，导管中应设置球、塞等隔水栓；浇筑时，导管插入混凝土的深度不宜小于1m；

9）水下混凝土达到设计强度后，方可从井内抽水，如提前抽水，必须采取确保质量和安全的措施。

（3）配制水下封底用的混凝土，应符合下列规定：

1）配合比应根据试验确定，在选择施工配合比时，混凝土的试配强度应比设计强度提高10%~15%；

2）水灰比不宜大于0.6；

3）有良好的和易性，在规定的浇筑期间内，坍落度应为160~220mm；在灌筑初期，为使导管下端形成混凝土堆，坍落度宜为140~160mm；

4）水泥用量一般为350~400kg/m³；

5）粗骨料可选用卵石或碎石，粒径以5~40mm为宜；

6）细骨料宜采用中、粗砂，砂率一般为45%~50%；

7）可根据需要掺用外加剂。

6.6.2.4 沉箱工程施工除应符合沉井施工的技术要求外，尚应按气压沉箱安全技术的有关规定执行。一般情况下，应符合下列要求：

（1）气闸、升降筒、贮气罐等承压设备应按有关规定检验合格后方可使用。

（2）沉箱上部箱壁的模板和支撑系统不得支撑在升降筒和气闸上。

（3）沉放到水下基床的沉箱，应校核中心线，其平面位置和压载经核算符合要求后，方可排出作业室内的水。

（4）沉箱施工应有备用电源。压缩空气站应有不少于工作台数1/3的备用空气压缩机，其供气量不应小于使用中最大一台的供气量。

（5）沉箱开始下沉至填筑作业室完毕，应用两根或两根以上输气管不断地向沉箱作业室供给压缩空气，供气管路应装有逆止阀，以保证安全和正常施工。

（6）沉箱下沉时，作业室内应设置枕木垛或采取其他安全措施。在下沉过程中，作业室内土面距顶板的高度不得小于1.8m。

（7）如沉箱自重小于下沉阻力，采取降压强制下沉时，必须符合下列规定：

1）强制下沉前，沉箱内所有人员均应出闸；

2）强制下沉时，沉箱内压力的降低值，不得超过其原有工作压力的50%，每次强制下沉量，不得超过0.5m。

（8）在沉箱内爆破时，炮孔位置、深度和药量应经过计算，不得破坏沉箱结构。在刃脚下爆破时，宜分段进行，并应先保留沉箱定位支点下的岩层作支垫。

（9）爆破后，应开放排气阀，同时增大进气量，迅速排出有害气体。经检验当有害气体含量符合有关规定后，方可由专门人员进入作业室检查爆破效果。如有瞎炮，须经处理后，方可继续施工。

（10）沉箱下沉到设计标高后，应按要求填筑作业室，并采取压浆方法填实顶板与填筑物之间的缝隙。

（11）沉箱下沉过程中，应做好记录。

6.6.3 沉井与沉箱的质量检验

6.6.3.1 沉井与沉箱工程施工质量应满足设计要求和《建筑地基基础工程施工质量验收规范》(GB 50202—2002)的有关规定。

6.6.3.2 沉井与沉箱在施工过程中应对下列工序进行中间验收并填写隐蔽工程验收记录：

(1) 沉井、沉箱的制作场地和筑岛质量；

(2) 沉井、沉箱的制作质量；

(3) 沉井、沉箱挖土下沉过程中的质量；

(4) 沉井、沉箱下沉完毕后的位置、偏差和基底的质量检验。对于不排水法施工沉井的基底可用触探或潜水法检验，必要时可用钻探法进行检验。

6.6.3.3 沉井沉箱工程竣工验收时应提交下列资料：

(1) 竣工图；

(2) 施工测量记录；

(3) 中间验收记录；

(4) 沉井、沉箱制作所用的材料的合格证、复试记录；

(5) 混凝土试块和钢筋焊接的强度试验报告；

(6) 工程质量事故处理资料及设计变更通知单等。

6.6.4 沉井与沉箱工程施工应注意的事项

6.6.4.1 沉井、沉箱制作时，其刃脚的形状和构造，应与下沉处的土质条件相适应。在软土层中下沉时，为防止突然下沉或减少突然下沉的幅度，其底部应符合下列要求：

（1）沉井平面布置应分孔（格），圆形沉井亦应设置底梁予以分格。每孔（格）的净空面积可根据地质和施工条件确定；

（2）隔墙及底梁应具有足够的强度和刚度；

（3）隔墙及底梁的底面，宜高于刃脚踏面 0.5~1.0m；

（4）刃脚踏面宜适当加宽，斜面水平倾角不宜大于60°。

6.6.4.2 在沉井、沉箱周围土的破坏棱体范围内有永久性建筑物时，应会同有关单位研究并采取确保安全和质量的措施后，方可施工。

6.6.4.3 在原有建筑物附近下沉沉井、沉箱时，应经常对原有建筑物进行沉降观测，做到信息施工。

6.6.4.4 在沉井、沉箱周围布置起重机、管路和其他重型设备时，应考虑地面的可能沉陷，并采取相应措施。

6.6.4.5 在软土地区施工沉井、沉箱，由于土的强度低、侧壁摩阻力较小，常发生突然大幅度下沉现象。致使沉井或沉箱产生较大的倾斜或超沉，特别是当下沉至设计标高附近时更要引起注意。其预防措施一般为控制均匀挖土的深度，在刃脚处不宜挖土过深。必要时应采取增大刃脚踏面宽度或增设底梁等加大刃脚阻力的措施。

6.6.4.6 在沉井或沉箱挖土下沉过程中，会因为施工不当造成偏斜。应注意加强过程的测量工作。当发现过大偏斜时，可采用在下沉少的部位加快井内挖土；或在井外侧挖土以减少侧阻力并用重物加压；或用高压水冲刷刃脚底部，外侧用射水管冲刷等措施纠偏。

6.6.4.7 在中密以上的砂、卵石或硬黏土中施工常发生沉井、沉箱下沉缓慢或不下沉现象。如因侧阻力过高，可在外侧用高压射水或涂抹润滑剂或增加配重等措施迫使其下沉；若因刃脚阻力过大造成下沉缓慢，应尽量挖除刃脚下的土体，或进行底部抽水降低水浮力等措施。也可采用泥浆套或空气幕下沉法等解决下沉难等问题。

6.7 降水与排水

6.7.1 适用范围与验收标准要求

6.7.1.1 降水是指采用井点抽水降低地下水位。降水施工的方法和设备选择，可根据土层的渗透系数、要求降低水位的深度及工程特点，作技术经济和节能比较后确定，各类井点的适用范围可按照表 6.7.1.1 选用。

降水类型及适用条件　　　　　表 6.7.1.1

适用条件 降水类型	土层渗透系数 （cm/s）	可能降低的水位深度 （m）
轻型井点	$10^{-2} \sim 10^{-5}$	3~6
多级轻型井点		6~12
喷射井点	$10^{-3} \sim 10^{-6}$	8~20
电渗井点	$<10^{-6}$	宜配合其他形式降水使用
深井井管	$\geqslant 10^{-5}$	>10

6.7.1.2 降水与排水施工验收应符合设计要求和《建筑地基基础工程施工质量验收规范》(GB 50202—2002)的有关规定,其质量验收项目和质量检验标准列于表6.7.1.2。

降水与排水验收项目和质量检验标准　　表6.7.1.2

序	检查项目	允许值或允许偏差		检查方法
		单位	数值	
1	排水沟坡度	‰	1~2	目测:坑内不积水,沟内排水畅通
2	井管(点)垂直度	%	1	插管时目测
3	井管(点)间距(与设计相比)	mm	≤150	用钢尺量
4	井管(点)插入深度(与设计相比)	mm	≤200	水准仪
5	过滤砂砾料填灌(与设计相比)	%	≤5	检查回填料用量
6	井点真空度:轻型井点 　　　　　　喷射井点	kPa kPa	>60 >93	真空度表 真空度表
7	电渗井点阴阳极距离:轻型井点 　　　　　　　　　　喷射井点	mm mm	80~100 120~150	用钢尺量 用钢尺量

6.7.2 轻型井点

6.7.2.1 轻型井点施工宜按下列顺序:

(1) 挖井点沟槽,敷设集水总管;

(2) 成孔,沉设井点管,灌填砂滤料,将井点管同集水总管连接;

(3) 安装抽水机组,连接集水总管;

(4) 试抽。

6.7.2.2 集水总管、滤管和泵的位置和标高应正确。井点系统各部件均应安装严密，防止漏气。连接集水总管与井点管的弯联管中的短管宜采用软管。

6.7.2.3 按封闭方式布置单套井点设备时，集水总管宜在抽水机组的对面断开；采用多套井点设备时，各套井点设备的集水总管之间宜装设阀门隔开。

6.7.2.4 井点管的沉设可按现场条件及土层情况选用下列方法：
（1）直接利用井点管水冲下沉；
（2）用中水管冲孔（亦可同时用压缩空气或使用加重钻杆协助冲孔）后，沉设井点管；
（3）套管式冲枪水冲法或振动水冲法成孔后，沉设井点管。

6.7.2.5 冲孔孔径不应小于300mm，深度应比滤管底深0.5m以上，管距一般为0.8~1.6m。

6.7.2.6 每根井点管沉设后应检验渗水性能。井点管与孔壁之间填砂滤料时，管口应有泥浆水冒出，或向管内灌水时能很快下渗，方为合格。

6.7.2.7 井点系统安装完毕后必须及时试抽，并全面检查管路接头质量、井点出水状况和抽水机械运转情况等，如发现漏气和"死井"应立即处理。检查合格后，井点孔口到地面下0.5~1.0m的深度范围内应用黏性土填塞。

6.7.2.8 轻型井点按抽水机组类型分为干式真空泵井点、射流泵井点和隔膜泵井点。干式真空泵井点可根据含水层渗透系数大小选用相应型号的真空泵和水泵。射流泵井点和隔膜泵井点适用于粉砂、黏土等渗透系数较小的土层中降水。

6.7.2.9 干式真空泵井点的水泵与排水管连接处，宜装置逆止阀。气水分离箱与总管连接的管口应高于水泵的叶轮轴线。

6.7.2.10 射流泵使用前应进行检查，确保其喷嘴和混合室完好和光洁，并采取防止杂物堵塞的措施。

6.7.2.11 隔膜泵底座应平整稳固。出水的接管应平接，不得上弯。皮碗应安装准确和对称，使工作时受力均衡。

6.7.2.12 每套隔膜泵井点需装设两台泵，也可和射流泵组成混合机组，以保证连续抽水。

6.7.2.13 在降水过程中，应按时观测流量、真空度和观测孔内水位，做好记录。观测孔孔口标高应在抽水前测量一次，以后定期观测，以计算实际降深。

6.7.3 喷射井点

6.7.3.1 喷射井点施工宜按下列顺序：

（1）安装水泵设备（包括循环水池或水箱）及泵的进出水管路；

（2）敷设进水总管和回水总管；

（3）沉设井点管，灌填砂滤料，接通进水总管后及时单根试抽；

（4）全部井点管在沉设完毕后，接通回水总管，全面试抽。

6.7.3.2 井点管组装前，应检验喷嘴混合室、支座环和滤网等。组装后，每根井点管应在地面作泵水试验和真空度测定。地面测定真空度不宜小于 700mm 汞柱。

6.7.3.3 进水总管与滤管的位置和标高应正确，井点管路应安装严密。各根井点管的连接管必须安装阀门。

6.7.3.4 高压水泵的出水管必须装有压力表和调压回水管路，以控制水压力。

6.7.3.5 井点管的沉设方法和检验应按第 6.7.2.4 条、第 6.7.2.6 条和第 6.7.2.7 条的规定执行。当直接利用井点管水冲下沉法时，应先沉设外管，待下沉结束后再安装内管。

6.7.3.6 沉设井点管前，应先挖井点坑和排泥沟，坑的直径应大于冲孔直径，坑内不得有石子等硬物。

6.7.3.7 冲孔孔径不应小于 400 mm，深度应比滤管底深 1m 以上，管距一般为 2~3m。

6.7.3.8 每根井点试抽时排出的浑浊水，不得回入循环管路系统。试抽时间的长短，应根据井点出水由浊变清程度而定。

6.7.3.9 井点的内管与外管底座接触处，必须安装严密，内、外管顶端接头处，应用油封装置连接。抽水时，如发现井点管周围有翻砂冒水现象应立即关闭此井点，及时检查处理。

6.7.3.10 工作水应保持清洁。全面试抽两天后应用清水更换。在降水过程中应视水质浑浊程度定期更换。

6.7.3.11 每套喷射井点宜控制在 30 根左右，并配相应水泵。各套进水总管均应用阀门隔开，各套回水总管应分开。

6.7.3.12 在降水过程中，应按时观测工作水压力、地下水的流量、井点的真空度和观测孔水位，并做好记录。发现异常现象，应采取措施进行调节。观测孔孔口标高应在抽水前测量一次，以后定期观测，以计算实际降深。

6.7.4 电渗井点

6.7.4.1 电渗井点阴、阳极的制作与设置，宜符合下列规定：

（1）阴极可用原有的井点管，阳极可用直径 25 mm 以上的钢筋或其他金属材料制成，并应考虑电蚀量；

（2）阴、阳极的数量宜相等，必要时阳极数量可多于阴极数量，阳极的设置深度宜较井点管深约 500mm，露出地面为 200~400mm；

（3）阴、阳极应分别用电线或钢筋连接成电路，并接至直流电源的相应极上；

（4）阳极埋设应垂直，严禁与相邻阴极相碰；

（5）在不需要通电流的范围内（如渗透系数较大的土层）的阳极表面可涂绝缘材料。

6.7.4.2 电渗降水施工前宜通过必要试验，确定合理的电压梯度和电极布置，井点设于基坑四周时，阳极应布置在井点圈内侧，与阴极并列或交错。阴、阳极的一般距离：采用轻型井点时，为 0.8~1.0m；采用喷射井点时，为 1.2~1.5m。工作电压不宜大于 60V，土中通电时的电流密度宜为 $0.5 \sim 1.0 \text{A/m}^2$。

6.7.4.3 在阴、阳极的地面上，应清除掉无关的金属和其他导电物。

6.7.4.4 降水应经试验后选择连续或间歇通电方式。通电时间应根据施工的不同阶段和具体情况而定。

6.7.4.5 降水过程中，应按时观测电压、电流密度、耗电量及观测孔水位等，并做好记录。

6.7.5 深井井管

6.7.5.1 深井钻孔方法可根据土层条件和孔深要求，选用冲击钻孔、回转钻孔或水冲法施工。

6.7.5.2 孔径应较井管直径大300mm以上。深度应考虑抽水期间内沉淀物可能沉积的高度适当加深。孔深、孔径和垂直度应符合要求。

6.7.5.3 钻孔时应符合下列规定：

（1）孔口设置护筒；

（2）设置泥浆坑，防止泥浆水漫流。

6.7.5.4 根据钻孔时的土层情况和设计要求配齐所用管材，并按照沉放先后顺序堆放在孔位附近。

6.7.5.5 深井井管沉放前应清孔，需要疏干的含水层均应设置滤管。在周围填砂滤料后，应按规定及时洗井和单井试抽。

6.7.5.6 降水井内装置深井泵时，电动机的机座应平稳牢固，转向正确，严禁逆转（可装阻逆装置），防止传动轴解体。装置潜水深井泵时，潜水电机、电缆及接头的绝缘必须安全可靠，并配置保护开关控制。

6.7.5.7 安装水泵或调换水泵前，均应量测井深和井底沉淀物厚度，必要时清洗水井，冲除沉渣。

6.7.5.8 各管段、轴件的连接，必须紧密、牢固，使用前必须检验，不得漏水。

6.7.5.9 排水管路的连接、埋深、走向和坡度均应按规定施工。排水口应设在降水影响范围以外。

6.7.5.10 降水过程中应根据施工要求，确定启动和暂不抽水井点的数量。按时观测水位下降情况和流量等，并做好记录。

6.7.6 降水与排水工程的质量检验

6.7.6.1 降水与排水工程的施工质量应符合设计要求和《建筑地基基础工程施工质量验收规范》（GB 50202—2002）的有关规定。

6.7.6.2 降水系统施工中应对所用原材料和构件的合格证和复试记录进行检查。施工完成后应对试运转的降水效果进行检查验证：

（1）降水井（管）的出水量和含泥（砂）量是否符合设计要求；

（2）降水系统运转过程中，水位观测孔的水位是否满足要求；

（3）当场地中有上层滞水时，应检测上层滞水降排效果。

6.7.6.3 降水与排水工程的质量验收，应提交下列资料：

（1）降水与排水工程竣工图；

（2）所用原材料出厂合格证及复试记录；

（3）隐蔽处理资料及设计变更通知单。

6.7.7 降水与排水施工注意事项

6.7.7.1 降水施工前应复验基坑（槽）位置。

6.7.7.2 井点滤管在运输、装卸和堆放时应防止滤网损坏，下入井点孔前，必须对滤管逐根检查，保证滤网完好。

6.7.7.3 降水设备的管道、部件和附件等在组装前，必须检查和清洗，并妥善保管。

6.7.7.4 井点施工应符合下列规定：

（1）井孔应垂直，深度应符合要求，孔径宜上下一致；

（2）滤管位置应按要求埋设，如井孔淤塞，严禁将滤管插入土中；如要降低成层土中的地下水位时，宜将滤管设在透水性较好的含水土层中，必要时可采取扩大井点滤层等辅助措施；

（3）灌填砂滤料前应把孔内泥浆适当稀释，井点管应居中，灌填高度应符合要求，灌填量不得少于计算值的95%；

（4）井点管口应有保护措施，防止杂物掉入管内；

（5）井点施工时应做好记录。

6.7.7.5 在降水过程中，应加强井点降水系统的维护和检查，保证不影响抽水。

6.7.7.6 抽出的地下水中含泥量应符合规定，如发现水质浑浊，应分析原因及时处理，防止泥砂流失引起地面沉陷。

6.7.7.7 降水前，应考虑到水位降低区域内的建筑物和构筑物可能产生的沉降和水平位移，必要时应做好沉降观测和采取防护措施。

6.7.7.8 降水完毕后，土中所留的孔应立即用砂土填实，如果地基有抗渗等特殊要求时，孔口应按有关要求填塞。

6.7.7.9 拆除多层井点应自底层开始逐层向上进行，在下层井点拆除期间，上部各层井点应继续抽水。

6.7.7.10 冬期施工应对水泵机组和管路系统采取防冻措施，停泵后必须立即把内部积水放净。

6.7.7.11 土洞发育地区如进行井点降水，必须注意和防止可能引起邻近地面塌陷。